Inhalt

Allgemeine und häufige Probleme

Gemüsearten im Überblick

Krankheiten & Schädlinge

Das Problem erkennen

Die präzise Diagnose gestattet, zum richtigen Zeitpunkt zu handeln – aber Vorsicht, hinter einer Krankheit kann eine weitere stecken. Der Befall durch Sekundärerreger erschwert es, die primäre Ursache zu identifizieren! So befallen verschiedene Blattläuse das Gemüse und übertragen Viren, die unheilbare Krankheiten auslösen.

Das Kartoffel-Mosaik ist auf einen Virus zurückzuführen, der von Blattläusen übertragen wird. Gegen diese muss man vorgehen.

Verwechslungsgefahr

Irrtümer in der Diagnose entstehen meist aus der Ähnlichkeit der Krankheitsbilder. Sie mindern die Wirksamkeit der Maßnahmen. Wenn z. B. eine Larve verantwortlich ist für Fraßschäden an Kohlblättern, kann es sich entweder um eine Kohlrübenblattwespe oder eine Eulenraupe handeln. Die Kohlrübenblattwespe gehört zur selben Ordnung wie die Bienen, während die Eulenraupe ein Schmetterling ist. Ähnlich sehen sich beide Arten wegen ihrer Bauchfüße – allerdings hat die Larve der Kohlrübenblattwespe acht Paare, während die Eulenraupe nur fünf Paare besitzt. Dieses Detail ist wichtig, denn nur bei der Eulenraupe kann das biologische Insektizid auf der Grundlage von *Bacillus thuringiensis* erfolgreich wirken. Zur Bekämpfung der Blattwespenlarve ist ein anderes passendes Insektizid notwendig.

Wie sucht man nach Schädlingen?

Die Lokalisierung der Parasiten ist entsprechend ihren Ernährungsgewohnheiten unterschiedlich. So befinden sich saugende Insekten an den Pflanzenteilen, die in der Wachstumsphase voller Saft sind. Die Beobachtung der Gemüseschädlinge wird erleichtert durch die Beobachtung von Zeigerpflanzen (Zucchinis für den Echten Mehltau oder Rettiche für Erdflöhe) sowie durch ausgebrachte Fallen.

Die Kohlrübenblattwespe (hier ihre Larven) gehört zur gleichen Ordnung wie die Bienen.

Nur Schmetterlingsraupen (hier eine Eulenraupe) reagieren empfindlich auf Bacillus thuringiensis.

Pheromonfallen mit Sexual-Lockstoffen dienen dazu, männliche Schmetterlinge zu fangen.

SMART

Fallen zur Überwachung des Gemüsegartens

- **Gelbe Leimtafel:** Kohlmottenschildläuse (*Aleurodes proletella, A. brassicae*), Blattläuse, Minierfliegen, Möhrenfliegen, Thripse.
- **Blaue Leimtafel:** Thripse.
- **Mit Wasser gefülltes Gefäß + Netzmittel:** Rüsselkäfer (gelbe Schüssel), Fliegen (cremeweiße oder gelbe Schale).
- **Pheromonfallen/Trichterfallen:** Männchen von Spannern, Eulen, Wicklern (Schmetterlinge).
- **Nahrungsfallen:** Nacktschnecken, Saatschnellkäfer.

Gelbe Leimtafel zum Fangen von Blattläusen.

Chemie oder Bio?

Mittel zur Schädlingsbekämpfung für den Garten, seien sie nun chemisch oder biologisch, sind Gegenstand toxikologischer und biologischer Studien, bevor sie zum Verkauf freigegeben werden. Die Zulassung gilt für einen oder mehrere Anwendungsbereiche unter genau definierten Anwendungsbedingungen. Diese sind auf der Verpackung des Produkts vermerkt.

Zwischen Chemie-Fans und unerschütterlichen Bio-Freunden steht die breite Masse der Gärtner, die vor allem wirksame Mittel wollen, gleichzeitig aber das ökologische Gleichgewicht des Gartens respektieren. Dieser Kompromiss ist eine vernünftige Lösung, denn bei der Pflege des Gemüsegartens stehen so die Erhaltung der Bodenfruchtbarkeit und der Schutz der Natur im Vordergrund.

Fachleute nennen das integrierten Pflanzenschutz. Schädlingsbekämpfung erfolgt lediglich als letzter Ausweg, nur, wenn sich die richtigen Kulturmethoden als unzureichend erweisen, um Parasitenbefall zu verhindern.

Chemische Mittel

Synthetische Mittel bilden einen großen Anteil der Produkte im Hausgartenbereich. Die meisten werden im Boden nur langsam zersetzt. Viele Gärtner glaubten lange, nur chemische Mittel gewährleisteten einen guten Erfolg. Das stimmt heute nicht mehr, denn viele biologische Mittel und Präparate bieten den Anwendern die gleichen Ergebnisse und führen zur erfolgreichen Ernte.

Biologische Mittel

Natürliche Wirkstoffe oder Biopestizide werden seit Jahrhunderten im Pflanzenschutz verwendet. Wie jedes Pflanzenschutzmittel werden auch diese zunächst im Labor, dann im Pflanzenbau geprüft, bevor sie eine offizielle Marktzulassung bekommen. Oft müssen biologische Mittel vor der Anwendung erst zubereitet werden, doch gibt es sie zum Teil auch in streufertiger Körnerform.

Wissenswert

Nur Präparate mit der Angabe „Anwendung im Haus- und Kleingarten zulässig“ dürfen im Hobbygarten verwendet werden. Es gelten strenge Vorschriften bezüglich der Inhaltsstoffe, aber auch der Anwendung eines Mittels. Verboten sind als sehr giftig (T+) oder ätzend (C) eingestufte Pflanzenschutzmittel, giftige (T) sind unter Umständen zugelassen. Auskünfte über die aktuelle Zulassungssituation finden Sie im Internet unter: www.bvl.bund.de

	BIOLOGISCHE MITTEL	CHEMISCHE MITTEL
VORTEILE	- Allgemein schonen sie Garten-Nützlinge, vor allem Bienen (z.B. bildet *Bacillus thuringiensis* Serotyp 3a 3b ein Biotoxin, das nur Schmetterlingsraupen abtötet). - Für Bio-Gartenbau zugelassen. - Biologisch abbaubar: Hinterlassen im Prinzip keine chemischen Rückstände, vor allem in Lebensmitteln.	- Manche Präparate wirken länger gegen Parasiten als biologische Mittel. - Sofortwirkung bei manchen Insektiziden oder Milbenmitteln. - Bestimmte Moleküle sind sehr spezifisch und für Nützlinge nicht giftig.
NACHTEILE	- Manche Mehrfach-Mittel (z. B. Pyrethrum) schädigen viele Nützlinge wie Marienkäfer, Gemeine Florfliege (*Chrysoperla carnea*) usw. - Durch ihre kurze Wirkdauer wird der regelmäßige Zustrom von Schädlingen nur kurz im Zaum gehalten; es muss erneut behandelt werden. - Manche Mittel wie das Kupfer lagern sich im Boden ab und führen zu gestörter Nährstoffversorgung bei den angebauten Pflanzen.	- Lagern manchmal chemische Rückstände in Gemüse ab, Wartezeit beachten. - Manche Mittel wirken sehr lange und verschmutzen Wasser, Boden und Luft. - Manche Mittel sind giftig für Bienen, Vögel, Amphibien oder kleine Säugetiere. - Können resistente Stämme hervorrufen.

Die Mittel richtig kennen

Wie bei Medikamenten für unsere eigene Gesundheit ist es wichtig, Pflanzenschutzmittel richtig zu kennen, bevor man sie anwendet. Bei Bedarf sollten Sie einen Fachverkäufer genauso um Rat bitten wie einen Apotheker!

Wirkstoffe und Handelsmarken

Man darf den Handelsnamen, unter dem ein Mittel verkauft wird, (z. B. Schneckenkorn Limex N) nicht mit dem Namen seines Wirkstoffs (Metaldehyd) verwechseln. Der Wirkstoff wird meist kleingedruckt auf dem Rücken oder der Seite der Packung vermerkt – mit der jeweiligen Zusammensetzung. Und diese ist entscheidend für die Wahl des richtigen Mittels. Der gleiche Wirkstoff kann von verschiedenen Marken mit unterschiedlichen Handelsnamen angeboten werden. Jedes Handelsprodukt besteht also aus einem oder mehreren Wirkstoffen, aber auch aus weiteren Zusätzen (Netzmittel, Lösungsmittel, Dispergiermittel usw.). Dadurch erhalten die Mittel ihre unterschiedliche Darreichungsform: flüssig, als Pulver, Körner, Gas usw. Die Unterschiede in der Zusammensetzung haben aber auch ihre Bedeutung für die Wirkungsweise eines Mittels.

Die Wirkstoffe (hier Pyrethrine und Rapsöl) werden klein gedruckt auf der Seite oder dem Rücken der Flasche unter der Rubrik „Zusammensetzung" genannt. Sie können unter verschiedenen Handelsnamen verkauft werden. Deshalb ist es wichtig, sie zu kennen. In der Folge des Buches geben wir jeweils die Wirkstoffe an.

❶ ***„Kontaktmittel":*** *bleibt an der Oberfläche.*

❷ ***Das Mittel*** *dringt oberflächlich in die Blätter ein; Tiefenwirkung.*

❸ ***Systemisches Mittel:*** *verteilt sich bis in die Wurzeln.*

Kontaktmittel, tiefenwirksames oder systemisches Mittel?

Pflanzenschutzmittel werden in drei Hauptgruppen eingeteilt, je nachdem, wie sie sich in der Pflanze verteilen.

Äußerlich wirkende „Kontaktmittel" ❶ wirken durch Berührung oder durch Aufnahme in den Verdauungstrakt. Sie werden häufig vorbeugend angewandt und bilden einen Schutzfilm auf der Pflanzen-Epidermis. Die meisten werden durch Regen oder Gießwasser abgewaschen, wenn die Wassermenge 20 mm übersteigt.

Tiefenwirksame, über die Blätter wirkende Mittel ❷ dringen durch mehrere Zellschichten in das pflanzliche Gewebe ein. Sie werden nicht abgewaschen. Über die Blätter wirkende Akarizide und Insektizide helfen gegen Thripse, Läuse, Zikaden und Milben, wenn diese den Inhalt der Pflanzenzellen aussaugen.

Systemische Mittel ❸ werden durch den Zellsaft ins Innere der Pflanze transportiert. Oft handelt es sich um Mittel, die sowohl behandelnd als auch vorbeugend eingesetzt werden. Ihre Ausbreitung in den verschiedenen Pflanzenorganen (Blätter, Stängel, Wurzeln), also ihre Wirksamkeit, ist an den Saftstrom gebunden. In der aktiven Wachstumszeit werden systemische Mittel stärker im Zellsaft verdünnt und ihre Wirkungsdauer ist kürzer. Bei langanhaltender Trockenheit oder während der Winterruhe sind sie wenig aktiv und nicht sehr wirksam. Schließlich kann eine zu regelmäßige Anwendung dieser Mittel zu einer Resistenz der Schädlinge führen.

Universal- oder spezifische Mittel?

Präparate, die mehrere Wirkstoffe enthalten, also „Universalmittel", verführen den Gärtner häufig dazu, sie wahllos und ohne Notwendigkeit einzusetzen („für alle Fälle"). Nehmen Sie zum Schutz der Nützlinge besser spezielle Mittel oder solche mit relativ engem Wirkungsspektrum.

Hingegen können Winterbehandlungen in frostfreier Zeit mit Paraffinöl, Rapsöl oder Kupferkalkbrühe durchgeführt werden. In dieser Jahreszeit bekämpft man die überwinternden Formen von Schädlingen und Krankheiten. Ihre Anwendung ist umweltverträglich. ●

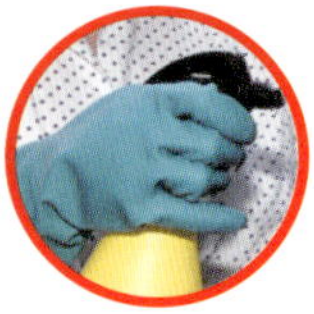

Vorsichtsmaßnahmen

Die Anwendung von Pestiziden ist nie harmlos oder ungefährlich. Ob nun chemisch oder biologisch, diese Mittel sind biozid, das heißt, sie töten lebendige Organismen. Jeder Nutzer muss die nötige Verantwortung und Aufmerksamkeit walten lassen, indem er die auf der Verpackung genannten Vorsichtsmaßnahmen einhält.

Behandeln Sie zur richtigen Zeit

Die geeignete Behandlung ist an das schädliche Entwicklungsstadium eines Schädlings gebunden (oft handelt es sich um die Larve) oder an die Gefahren einer Krankheit. Für größere Wirksamkeit (und um das Gemüse nicht zu schädigen) behandeln Sie morgens und abends, am besten bei bedecktem Himmel, wenn in den folgenden Stunden kein Regen zu erwarten ist. Spritzen Sie am besten bei Temperaturen zwischen 12 und 20 °C, einer Luftfeuchtigkeit über 60% und Windstille.

Dosierungen und Wartezeit

Halten Sie die Dosierungen und die Wartezeit bis zur Ernte ein. Die Anwendungsmengen und -vorschriften jedes Mittels stehen auf der Verpackung. Ihr Einhalten garantiert, dass das Gemüse ohne Gesundheitsgefahr verzehrt werden kann.

Die richtige Schutzausrüstung

Schädlingsbekämpfungsmittel können giftig sein, ganz besonders im Moment der Zubereitung. Denn dann sind die Mittel im Reinzustand, also aggressiver. Im Falle einer Vergiftung wenden sie sich an die nächste Vergiftungszentrale. Arbeiten Sie an einem gut gelüfteten, aber windgeschützten Ort mit Abstand zu Wohnräumen und Tieren. Achten Sie auf die Nähe eines Kaltwasserhahns und verwenden Sie nur Materialien, die zu diesem Zweck bestimmt sind. Tragen Sie Handschuhe, Atemschutz, Schutzbrille und nur entsprechende undurchlässige Kleidung. Bewahren Sie diese Sicherheitsausrüstung entfernt von den Spritzmitteln auf, denn es besteht die Gefahr, dass sie von giftigen Ausdünstungen durchtränkt wird.

Wohin mit Verpackungsresten?

Beseitigung der Verpackung: Es ist streng verboten, Verpackungen in der Natur zu „entsorgen“, sie zu verbrennen oder einzugraben. Leer gehören sie in den Restmüll oder, wenn sie nicht vollständig entleert sind,

in die Sondermüllsammlung. Erkundigen Sie sich bei Ihrem zuständigen Amt für Landwirtschaft (Gartenbauamt) oder Landratsamt (Beratungsstelle für Obst- und Gartenbau).

Was tun bei überschrittenem Verfallsdatum?

Abgelaufene oder nicht mehr verwendbare Mittel müssen als Sondermüll entsorgt werden. Sie gehören auf keinen Fall zum Restmüll. Wenden Sie sich an Ihre Gemeinde (siehe Absatz zuvor) oder nutzen Sie die Rücknahmepflicht der Hersteller. Doch bevor diese Reststoffe zum Problem werden, ist es besser, keine (oder so wenige wie möglich) zu produzieren!

Lagerung nach der Verwendung

Pflanzenschutzmittel müssen an einem speziellen Ort oder in einem Schrank aufbewahrt werden, der luftig, abschließbar, vor Hitze, Feuchtigkeit und Frost geschützt ist. Regalbretter dürfen nicht entflammbar oder saugfähig sein.

SMART

Verseuchtes Gemüse

- **Man hat festgestellt,** dass in Privatgärten die chemischen Rückstände im Gemüse zuweilen die vom Gesetzgeber festgelegten Höchstgrenzen für professionelle, für den Verkauf bestimmte Kulturen überschreiten. Ist das nicht unglaublich?
- **Die Hauptursachen** sind die Überdosierung von Pflanzenschutzmitteln, die Nichteinhaltung der Anwendungszeiträume, das Verwehen von Herbiziden und anderer nicht selektiver Mittel durch den Wind und die chemischen Wechselwirkungen durch „Hausmischungen“.
- **Um das zu vermeiden**, verbannen Sie „Universal-Mittel“ aus Ihrem Arsenal, verwenden Sie spezielle im Handel befindliche Mittel mit Wirkstoffmischungen. Meiden Sie Mittel mit langer Wirkung und halten Sie ganz genau die Anwendungsfristen vor der Ernte ein.

Eine Alternative: Die biologische Bekämpfung mit Nützlingen

Nützlinge sind lebendige Organismen, die man auf befallene Pflanzen setzt und die bestimmte Schädlinge angreifen. Dabei kann es sich um Insekten wie Marienkäfer oder Grüne Florfliegen handeln oder auch um mikroskopisch kleine Tierchen wie Fadenwürmer (Nematoden, Älchen), für die Insektenlarven wahre Leckerbissen sind.

Die Gallmücken-Larve saugt Blattläuse aus.

Wie setzt man sie ein?

Abgesehen von der Anlage ökologischer Nischen (artenreiche Hecken, Grasstreifen) und dem Schutz der Umwelt (biologische Mittel) besteht die biologische Schädlingsbekämpfung im Einsatz lebendiger Nützlinge. Im Unterschied zu chemischen Pestiziden stellen sie eine geringere Gefahr für die Gesundheit von Menschen, Haustieren und Pflanzungen dar. Theoretisch führt eine europäische Reglementierung aus, dass nicht-einheimische Nützlinge gefahrlos für die einheimische Fauna sein müssen. Es gibt mehrere Anwendungsmethoden: Das Spritzen (Nematoden als Parasiten bei Mai-, Juni- oder Rüsselkäfer-Larven), das manuelle Aussetzen (Marienkäfer, Grüne Florfliegen), Überstäuben (Milben als Feinde von Thripsen oder Raubmilben), das Gießen der Erde (Nematoden als Parasiten für Maden von Trauermücken).

SMART

Im Garten ist die Auswahl begrenzt

› **Nur wenige Nützlinge** sind wegen ihrer Beweglichkeit und der benötigten Lebensbedingungen draußen im Garten einsetzbar. Im Folientunnel oder Gewächshaus ist die Auswahl schon größer.

Vor- und Nachteile von Nützlingen

Vorteile

- Schonung der natürlichen Nahrungsketten und der biologischen Kreisläufe.
- Regulierung der Schädlinge auf lange Sicht.
- Keine Gefahr der Verseuchung der Kulturen im Unterschied zu chemischen Pflanzenschutzmitteln.

Nachteile

- Höherer Kaufpreis, der sich aber oft auf mittlere oder lange Sicht rentiert.

NÜTZLINGE FÜR GEMÜSE IM FREILAND

Schädling	Nützling
Milben an Knollen/Zwiebeln	Milbe *Hypoaspis aculeifer*
Spinnmilben (Rote Spinne)	Raubmilbe *Neoseiulus califonicus*, Marienkäfer *Stethorus punktillum*, Wanze *Orius sp.*
Raupen	Schlupfwespe *Trichogramma brassicae, T. evanescens*
Nacktschnecken	Nematode *Phasmarhabditis hermaphrodita*
Eulenraupen	Nematode *Steiernema carpocapsae*
Blattsauger/Blattflöhe	Wanze *Anthocoris nemoralis*
Blattläuse	Marienkäfer *Adalia bipunctata oder Harmonia axyridis* Florfliege *Chrysoperla carnea*
Schnaken (Larven)	Nematode *Steiernema carpocapsae*

NÜTZLINGE FÜR GEMÜSE IM GEWÄCHSHAUS ODER WINTERGARTEN

Schädling	Nützling
Blattläuse	Gallmücke *Aphidoletes aphidimiza*, Florfliege *Chrysoperla carnea*, Schlupfwespe *Aphelinus abdominalis, Aphidius ervi, A. colemani*
Kohlmottenschildläuse	Marienkäfer *Delphastus pusillus*, Schlupfwespe *Encarsia formosa, Eretmocerus eremicus, E. mundus.*
Wollläuse	Marienkäfer *Cryptolaemus montrouzieri*, Florfliegen, diverse Schlupfwespen, *darunter Leptomastix dactylopii, Metaphycus helvolus*
Trauermücken	Milbe *Hypoaspis miles*, Kurzflügelkäfer *Atheta coriaria*
Minierfliegen (Larven)	Schlupfwespe *Dacnusa sibirica, Diglyphus isaea*
Thripse	Milben *Amblyseius andersoni, A. cucumeris, A. degenerans, A. swirskii, Wanzen Orius insidiosis, O. majusculus, O. laevigatus*
Spinnmilben	Milben *Amblyseius andersoni, Phytoseiulus persimilis, Gallmücke Feltilla acarisuga*

Eretmocerus mundus als Parasit der Kohlmottenschildlaus-Larven.

Bezugsquellen für Nützlinge im Hausgarten

AMW Nützlinge GmbH
Außerhalb 54
64319 Pfungstadt
Tel. 06157/99 05 95
www.amw-nuetzlinge.de

W. NEUDORFF GmbH
Abt. Nutzorganismen
Postfach 1209
31857 Emmerthal
Tel. 05155/6240
www.neudorff.de

Re-natur GmbH
Charles-Ross-Weg 24
Tel. 04326/98610
www.re-natur.de

STB-Control
Triebweg 2
65326 Aarbergen
Tel. 06120/90 08 70
www.stb-control.de

Katz-Biotech AG
An der Birken-pfuhlheide 10
15837 Baruth
Tel. 033704/ 67510
www.katzbiotech.de

ÖRE Bio-Protect GmbH
Neuwührener Weg 26
24223 Raisdorf
Tel. 04307/6981
www.nuetzlingsberater.de

SAUTTER & STEPPER GmbH
Rosenstr. 19
72119 Ammerbuch
Tel. 07032/95 78 30
www.nuetzlinge.de

Hatto und Patrick WELTE
Maurershorn 10
78479 Reichenau
Tel. 07534/7190
www.welte-nuetzlinge.de

Allgemeine und häufige Probleme

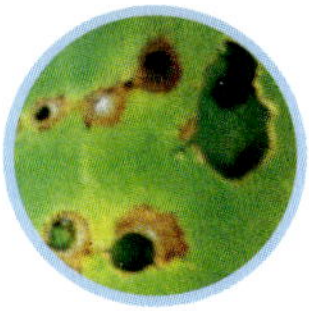

Nacktschnecken

Obwohl sie sich so langsam fortbewegen, verspeisen Nacktschnecken täglich eine Nahrungsmenge, die bis zu 50% ihres eigenen Körpergewichts entspricht: Saatgut, Keimlinge, Gemüsepflanzen. Sie richten bei hereinbrechender Nacht, vor Tagesanbruch und bei Regenwetter große Schäden an. Die Schnecken-Risikovorhersage richtet sich nach der Wettervorhersage.

Steckbrief

Am schädlichsten ist die **Ackerschnecke** ① Sie legt bis zu 500 Eier, verschlingt Keimlinge, Jungpflanzen, zartes Laub, aber auch Tierkadaver und Grünabfälle. Plötzlicher Frost unter −3 °C kann sie töten, doch oft verkriecht sie sich im Boden. Die „hinterhältigste" ist die **Gartenwegschnecke** ②, denn sie lebt unter der Erde. Sie bohrt Löcher in Rhizome und Knollen.

Gefährdete Kulturen: Viele, darunter Kohl, Erdbeeren und Salat. Die größten Schäden werden in Gewächshäusern und bewässerten Kulturen beobachtet.

Mögliche Verwechslung: Fraßspuren von Gehäuseschnecken, Insektenlarven, Spargelhähnchen, Kartoffelkäfern.

Bekämpfung

Biologisch: Gießen Sie eine Lösung mit Nematoden (*Phasmarhabditis hermaphrodita*). Diese sind zwar teuer, aber wirksam.

Chemisch: Streuen Sie Schneckenkorn mit Eisenphosphat, Metaldehyd oder Methiocarb. Oft enthält es einen Zusatzstoff, der die Gefahr des Fressens durch Haustiere mindert.

Mechanisch: Fallen oder Bretter auf dem Boden in der Nähe der Kulturen. Ein paar Tage später sammeln Sie die Schnecken ein und vernichten sie. Diese Methoden reichen nicht aus, reduzieren aber den Verbrauch von Schneckenkorn. Besonders bewährt hat sich der Einsatz von Schneckenzäunen im Gemüsegarten.

Gesundheit: Auf zur Schneckenjagd!

› **Schneckenfallen helfen** die Populationen zu verkleinern, aber auch, ihre Aktivität zu prüfen, bevor man eingreift.

① Falle: Halb eingegrabene Büchse mit Bier und Wasser zu gleichen Teilen.

② Falle: Frische Möhrenscheiben unter einem umgedrehten Blumentopf, der schräg auf einem kleinen Keil steht.

③ Falle: Stoffbeutel, Brett oder Pappe von 50 x 50 cm, unter die man einige Schneckenkörner legt.

Vorbeugende Maßnahmen

Biologisch: Da Vögel Nacktschnecken zum Fressen gern haben, wäre es sinnvoll, wenn Sie eine Hecke mit leckeren Beeren um den Gemüsegarten (Felsenbirne, Hartriegel, Zwergmispel, Liguster, Schneeball usw.) pflanzen würden, um sie anzulocken. Vermeiden Sie Insektizide, um die Nützlinge im Boden (Kurzflügler, Laufkäfer) zu schützen.

Gartenbaulich: Glätten Sie bei der Aussaat Erdklumpen und Löcher. Umgraben oder Hacken im Herbst setzt die Schnecken ihren natürlichen Feinden und der Kälte aus. Im Sommer lockern Sie den Boden mit der Harke auf, um die trockenheits- und hitzeempfindlichen Eier an die Oberfläche zu holen. Achtung, organischer Mulch am Boden bildet geeignete Brutstätten! Entfernen Sie Pflanzenabfälle und Unkraut.

Physikalisch: Auf dem Boden verteilte Holzasche, sehr feines Sägemehl oder ungelöschter Kalk hindert die Schnecken am Kriechen. Damit es aber tatsächlich hilft und gut wirkt, muss oft nachgestreut werden.

Die Ackerschnecke ist die gefräßigste! ❶

Die Gartenwegschnecke ist die „hinterhältigste", denn sie lebt unter der Erde ❷

SMART

Gute Wahl: Eisenphosphat, ein neues nützlingsschonendes Schneckenmittel

› **Auf dieses Mittel** haben Biogärtner lange gewartet, denn es ist natürlichen Ursprungs. Das Fraßgift verhindert, dass die Schnecken Schleim bilden können. Sie ziehen sich in ihre Verstecke zurück und sterben. Es ist regenresistent, unschädlich für Haustiere und Igel und stellt kein Problem für die Ernte dar. Handelsnamen: Neudorff Ferramol, COMPO Schneckenkorn.

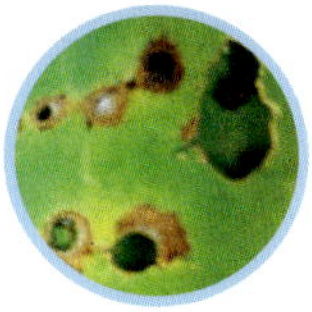

Larven im Boden

Manche im Boden lebenden Larven befallen Wurzelhälse, Wurzeln, Zwiebeln, Rhizome und Knollen in Gemüsekulturen. Da kommt man um eine Bekämpfung nicht herum.

Identifizieren Sie die Täter!

Vergleichen Sie mit den Abbildungen auf der rechten Seite. Wenn Sie die für die Schäden verantwortliche Larve erkannt haben, kann auch die richtige Bekämpfungsmethode ergriffen werden.

Bekämpfung

Biologisch:

Die Nematoden *Steiernema carpocapsae* wirken gegen **Schnakenlarven**, viele **Erdraupen** und **Käferlarven**, sobald die Bodentemperatur 13 °C übersteigt. Schütten Sie den Inhalt des Beutels in einen Eimer Wasser, rühren Sie um und gießen Sie die Lösung auf den feuchten Boden. Die unerwünschten Schädlingslarven gehen nach 10 Tagen ein. **Trauermücken:** Gießen Sie vor oder nach der Aussaat das Substrat mit einer Nematoden-Lösung (*Steiernema feltiae*). Im Gewächshaus setzen Sie ergänzend Kurzflügelkäfer (*Atheta coriaria*) aus.

Mechanisch:

Graben Sie die Schädlingslarven am Fuße der befallenen Pflanzen mit einem Messer aus.

Chemisch:

Fliegen-Maden, Saatschnellkäfer, Engerlinge: Bringen Sie ein Granulat mit Chlorpyrifos aus.

Vorbeugende Maßnahmen

Biologisch:

Eulenfalter: Hängen Sie Pheromonfallen zum Fangen der Schmetterlinge auf. **Trauermücken:** Hängen Sie gelbe Leimtafeln in die Kultur.

Gartenbaulich:

Hacken Sie regelmäßig und spannen Sie ein Insektenschutzvlies über Ihre Pflanzen.

Fallen:

Gartenhaarmücke/Märzfliege: Köder auf der Basis angefeuchteter Kleie, Kartoffel-, Rote Bete-, Weiße Rüben- oder Möhrenscheiben unter einem Ziegel; alle drei Tage die Maden vernichten.
Wiesen-Schnaken: Legen Sie abends eine 1 m² große Plastikfolie auf den feuchten Boden, um die Larven zu sammeln und vernichten Sie sie am nächsten Tag.
Brachfliegen: Cremeweißes oder gelbes Schälchen mit Wasser und ein paar Tropfen Geschirrspülmittel füllen (Netzmittel), um die Fliegen zu fangen.

> **SMART – Fruchtwechsel gegen Saatschnellkäfer**
>
> › **Lein, Erbse und Bohne** leiden fast nie unter einem Saatschnellkäfer-Befall. Da sie bedenkenlos auch in stark befallenem Boden gezogen werden können, eignen sie sich bei einem Fruchtwechsel wunderbar als Zwischenkultur.
>
> 

Mai- oder Junikäfer ❶

Saatschnellkäfer ❷

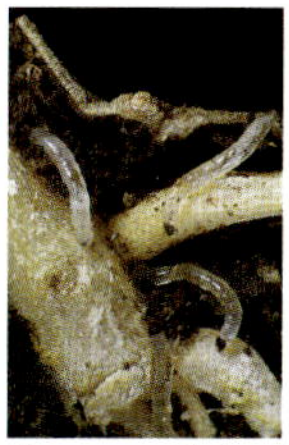

Trauermücke ❸ ,

Kohlfliege ❹

Wiesen-Schnake ❺

Wurzelbohrer ❻

Eulenraupe ❼

Maulwurfsgrille ❽

INSEKTENLARVEN	BESCHREIBUNG
– Mai- oder Junikäfer ❶ (Käfer)	– Weiße Larve mit hellbraunem Kopf, 10–46 mm lang, hufeisenförmig gekrümmt, 3 Beinpaare.
– Saatschnellkäfer ❷ (Käfer)	– Drahtwurm, 17–25 mm lang, walzenförmig, gelborange, gehörnt, hart.
– Gartenhaarmücke (Zweiflügler)	– Gräuliche Made mit schwarzem Kopf, 20 mm lang, beinlos.
– Möhrenfliege (Zweiflügler)	– Hellgelbe Made mit braunem Kopf, 3 mm lang.
– Brachfliege (Zweiflügler)	– Weiße oder gelbe, durchsichtige Made, 5–8 mm lang, letztes Segment verkürzt.
– Trauermücke ❸ (Käfer)	– Weißliche Made, 1–3 mm lang, in Kolonien im Substrat.
– Kohlfliege ❹ (Käfer)	– Längliche, röhrenförmige Made, 7–10 mm lang, Hinterteil verkürzt.
– Wiesen-Schnake ❺ (Käfer)	– Dicke erdgraue, walzenförmige Made, 30–50 mm lang, beinlos, mit sehr harter, glatter Haut.
– Wurzelbohrer ❻ (Schmetterling)	– Weißliche Raupe mit braunem Kopf, bis 5 cm lang, sehr agil.
– Ypsilon-Eule ❼ (Schmetterling)	– Kaum oder nicht behaarte graue Raupe, 20–50 mm lang; rollt sich zusammen, wenn man sie stört.
– Maulwurfsgrille ❽ (Geradflügler)	– 20–35 mm lange braune Larve, die erst nach 2 Jahren und nach 5 Stadien erwachsen wird; verbreiterte Vorderbeine.

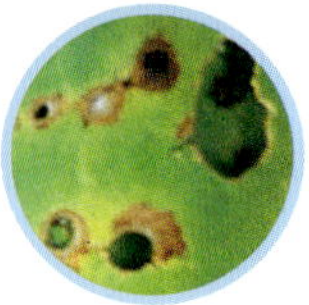

Blattfressende Raupen

Die Ordnung der Schmetterlinge umfasst eine Unmenge für Gemüsekulturen sehr nützliche Bestäuber – manche aber haben gefräßige Raupen, die man in einem Gemüsegarten im Auge behalten muss. Empfindliche Pflanzen brauchen Schutz.

Steckbrief

Manche Raupen leben gesellig, wie der **Kohlweißling** ①. Er lebt in Kolonien auf Kreuzblütlern (Kohl, Blumenkohl, Weiße Rübe, Rettich und Radieschen), doch

Kohlweißling (Schmetterling) ①

Ypsilon-Eule (Nachtfalter) ③

ohne Sozialgefüge. Nach einem Befall bleiben nur einige dicke Blattrippen zurück. **Spanner** ② (Kleiner Frostspanner – *Operophthera brumata* und Großer Frostspanner – *Erannis defoliaria*) tauchen manchmal zahlreich auf; diese *Geometridae* kriechen abwechselnd auf Vorder- und Hinterteil, als wollten sie die zurückgelegte Strecke abmessen. Die **Ypsilon-Eulen** ③ sind Nachtfalter; die grüne **Kohleule** *Mamestra brassicae* befällt das Innere der Pflanze, frisst Weißkohl vom Frühjahr an. Die **Wickler** sind kleine Schmetterlinge. Manche Arten rollen die Blätter zur Tüte, indem sie sie mit Seidenfäden zusammenbinden, um sich darin (und davon) zu ernähren. Die **Schwärmer,** große Abendfalter, die auf der Stelle fliegen können, bringen dicke, farbige, einzeln lebende Raupen hervor, die oft ein kleines Horn am Ende des Hinterleibs haben. Den **Totenkopfschwärmer** ④ trifft man auf Auberginen und Kartoffeln an.

Mögliche Verwechslungen: Fraßstellen der Larve von Kohlrübenblattwespe (Hautflügler), von Schnecken, Rüsselkäfer, Blattkäfer, Kartoffelkäfer.

Bekämpfung

Biologisch: Behandeln sie mit *Bacillus thuringiensis* (siehe Kasten). Eigelege oder Raupenkolonien sollten Sie absammeln.

Vorbeugende Maßnahmen

Biologisch: Bei recht milden Temperaturen und hoher Feuchtigkeit tötet der Pilz *Beauveria bassiana* auf natürliche Weise zahlreiche Raupen ab. Setzen Sie gegen die **Baumwolleule** *Spodoptera littoralis* im Gewächshaus die Milbe *Amblyseius swirskii* aus, die die Eier parasitiert. In ausgehängten Pheromonfallen

Kohlweißling (Raupe) ①

Frostspanner-Raupe ②

Eulenraupe ③

Totenkopfschwärmer (Raupe) ④

lassen sich Schmetterlingsmännchen der blattfressenden **Eulen**, der **Kleinen Frostspanner** und der **Erbsenwickler** fangen.

Bacillus thuringiensis

Das Bakterium *Bacillus thuringiensis* (B.T. Serotyp 3a 3b oder var. *kurstaki*) sondert ein Gift ab, das nur bei Raupen als Fraßgift wirkt. Setzen Sie das Mittel gegen junge Larven ein. *Bacillus thuringiensis* schont Haus- und Wildtiere, die auf der Erde oder im Wasser leben, Vögel, Weichtiere, Fische, Bienen und Marienkäfer. Die Anwendung ist während der Blütezeit erlaubt. Derzeit ist nur das Präparat Xen Tari im Handel.

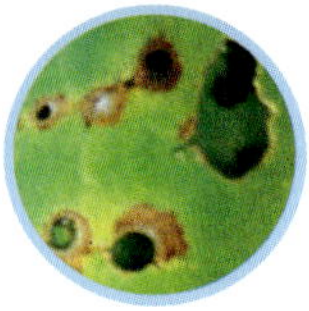

Blattläuse und andere saugende Insekten

Insekten, die in das Blattgewebe stechen und in den Leitungsbahnen saugen, können abgesehen von den Schäden, die sie unmittelbar anrichten, unheilbare Viruserkrankungen übertragen. Ihre natürlichen Feinden halten sie in Schach, doch zuweilen muss man trotzdem eingreifen.

Steckbrief

Blattläuse ❶**, Kohlmottenschildläuse** ❷**, Zikaden und Blattsauger/Blattflöhe** ❸ saugen Pflanzensaft. Sie schwächen die Wirtspflanze, was zum **Vertrocknen** und manchmal zum **Kräuseln** der Blätter führt. Außerdem sondern diese Insekten klebrigen **Honigtau** ab, auf dem sich schwärzliche **Rußtaupilze** ansiedeln. Manche Läuse schädigen die Wurzeln, z. B. an Endiviensalat und Artischocken. Die winzigen, stäbchenförmigen **Thripse** ❹ hingegen, von denen es im Sommer wimmelt, saugen die Zellen der grünen Pflanzenorgane und die Pollenkörner leer. Es gibt mehrere Generationen pro Jahr vom Frühjahr bis zum Spätsommer. Im Gewächshaus erfolgt der Befall fast durchgehend.

Bekämpfung

Biologisch: Natürliche Nützlinge oder massenhaftes Aussetzen von blattlausfressenden Gallmücken, Marienkäfern (*Adalia, Coccinella, Harmonia*), Florfliegen, Blattlaus-Schlupfwespen im Gewächshaus (*Aphidius ervi, Aphidoletes aphidimiza*), Schwebfliegen-Larven. Anlocken von Vögeln. Pflanzliches Mittel: Pyrethrum.
Chemisch: Behandeln Sie die Blätter vor dem Einrollen mit einem Kontaktgift: Kali-Seife oder Rapsöl.
Mechanisch: Schneiden Sie befallene Triebe ab, sobald Sie Kolonien beobachten.

Vorbeugende Maßnahmen

Biodynamisch: Überstäuben mit Algenkalk. Abkochung aus Schmierseife oder Jauche mit Rhabarberblättern. Düngen der Pflanzen mit Brennnesseljauche macht sie weniger empfindlich gegen den Befall. Weitere wirksame Jauchen: Wermut (pur), Farn (pur), Lavendel (verdünnt 1:5).
Gartenbaulich: Reduzieren Sie den Einsatz stickstoffbetonten Düngers, um zu zarte Triebe zu vermeiden. Entfernen Sie Unkraut, das als Unterschlupf (z. B. beherbergen Löwenzahn und Gänsedistel die Kohlwurzellaus). Schwarze Plastikfolie auf dem Boden soll Blattläuse vertreiben.
Fallen: Fangen Sie erwachsene Insekten mit gelben Leimtafeln. Versehen Sie Öffnungen von Gewächshäusern und Wintergärten mit feinmaschigen Insektenschutznetzen, diese können auch im Freilandanbau eingesetzt werden.

Ungeflügelte Blattlaus ❶

Blattlauskolonie ❶

Kohlmottenschildlaus (Larven) ❷

Blattsauger/Blattfloh (ausgewachsen) ❸

Thripse (ausgewachsen) ❹

Kohlmottenschildlaus (ausgewachsen) ❷

SMART

Welcher Wirkstoff schont Nützlinge?

- **Für die Anwendung** in Gemüsekulturen im Hausgarten gibt es nur wenige Insektizide. Wenn saugende Insekten bekämpft werden müssen, sollten Sie die Auswirkung der Präparate auf die Nützlinge berücksichtigen. Zur Bekämpfung von Blattläusen kann die nützlingsschonende Kaliseife eingesetzt werden. Rapsöl schont ebenfalls viele Nützlinge und wird auch gegen Weiße Fliegen und Spinnmilben gespritzt.
- **Die pyrethrumhaltigen Produkte** wie Spruzit Neu schädigen dagegen viele Nützlinge. Die Problematik dieser aus Naturpyrethrum gewonnenen Produkte kann daran abgelesen werden, dass Schlupfwespen frühestens eine Woche nach der letzten Spritzung eingesetzt werden können.

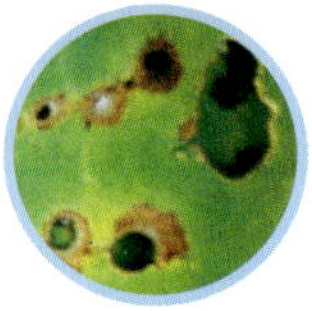

Blattfleckenkrankheiten

Ein paar Tage nach einer Regenperiode oder nach der Beregnung erscheinen braune Flecken auf den Blättern. Mehrere Schadpilze rufen diese Nekrosen hervor. Pilze „bekämpft“ man vor allem vorbeugend.

Steckbrief

Die Blattfleckenkrankheiten tragen verschiedene Namen, je nachdem, welcher Pilz für sie verantwortlich ist und welche Symptome beobachtet werden:
Alternariose: Knoblauch, Rote Bete, Möhre, Kohl, Erdbeere, Zwiebel, Porree, Tomate; **Anthraknose/Blattbräune**: Puffbohne, Erdbeere, Gartenbohne, Erbse; **Brennfleckenkrankheit**: Artischocke, Puffbohne; **Cercosporiose**: Basilikum, Mangold ❶, Rote Bete; **Cercosporidiose:** Fenchel; **Cladosporiose**: Zucchini, Tomate ❷, Melone; **Purpurfleckenkrankheit** Erdbeere; **Sprenkelkrankheit:** Rote Bete, Mangold; **Rost** ❸ Knoblauch, Spargel, Rote Bete, Endiviensalat, Schnittlauch, Estragon, Gartenbohne, Minze, Zwiebel, Löwenzahn, Porree, Haferwurzel, Gartenschwarzwurzel; **Blattdürre:** Endiviesalat, Sellerie, Tomate, Petersilie; **Schwärzepilze auf den Blättern**: Spargel, Lauch.
Die Flecken sind, je nach Fall, abgerundet oder eckig, treten mehrfach oder einzeln auf, sind groß oder klein, über das ganze Blatt verstreut, mit einem gelblichen, rötlichen oder violett angehauchten Rand gesäumt oder auch nicht. Sehr häufig überzieht sich die

Mitte des Flecks mit kleinen schwarzen Pusteln, fällt ein oder zerreißt (siehe Foto oben).
Die Krankheit kann gegebenenfalls auf andere Organe übergehen. Die Anthraknose der Bohne z. B befällt Blätter, Stängel, Hülsen und Samen.

SMART

Kupfer gegen braune Blätter

› **Seit die Bordeauxbrühe** 1885 durch Milliardet in den Weinbergen um Bordeaux entwickelt wurde, sind Kupfersalze das Mittel für die Vorbeugung gegen Pilzerkrankungen. Kupfer wirkt sowohl gegen Pilze als auch gegen Bakterien und verhindert, dass Stämme resistent werden. In der zulässigen Dosierung widersteht er dem Abwaschen durch Regen und Bewässerung und schont Nützlinge. In Form von Oktanoat oder Hydroxid verwendet man ihn flüssig, er wird aus wasserlöslichem Pulver hergestellt.

Cercosporiose auf einem Mangoldblatt ❶

Cladosporiose auf einem Tomatenblatt ❷

Mögliche Verwechslungen: Sonnenbrand, Frostschäden, Überdüngung, Unverträglichkeit von Kontaktgiften, Bakterienerkrankungen.

Bekämpfung

Prophylaktisch: Entfernen Sie braune Teile, an denen der Pilz sitzt.

Vorbeugende Maßnahmen

Chemisch: Spritzen Sie Kupferoxychlorid auf die empfindlichen Jungpflanzen (siehe Kasten). Keine Anwendung, wenn die Temperatur 25 °C übersteigt, denn es besteht die Gefahr von Verbrennungen an den Pflanzen. Spritzen Sie mit Azoxystrobin, Maneb oder Metiram vor Regen, der Pilzsporen übertragen kann. Behandeln Sie empfindliche Pflanzen in feuchten Perioden alle 8 Tage während der aktiven Wachstumszeit, doch beachten Sie die Anwendungsfristen vor der Ernte und die Anweisung der einzelnen Präparate.

Gartenbaulich: Kaufen Sie Pflanzen mit gesundem Laub. Lösen Sie die Blätter von den Glas- oder Plastikflächen im Gewächshaus, um sie nicht kondensierter Feuchtigkeit auszusetzen. Düngen Sie nicht zu viel. Meiden Sie Sprengen. Wässern Sie am besten morgens, damit das Laub tagsüber abtrocknen kann. Heruntergefallenes abgestorbenes Laub sollte aufgesammelt und entsorgt, mit ungelöschtem Kalk bedeckt oder kompostiert werden.

Rost (Pusteln auf der Blattunterseite) ❸

Echter Mehltau

Der Echte Mehltau nutzt warme Bedingungen, um die oberirdischen Teile empfindlicher Gemüsepflanzen zu überziehen. Er ist selten tödlich, trocknet jedoch das Pflanzengewebe aus.

Steckbrief

Hohe Luftfeuchtigkeit (Tau, Nebel, Sprühregen/Nieselwetter, Kondensation) zusammen mit einer sonnigen Periode fördert die Keimung der Sporen. Einige Tage später entwickelt sich ein gräulich weißer Belag auf verschiedenen Pflanzenteilen. Die befallenen Triebe und Blüten verformen sich und welken schließlich. Blütenknospen sterben ab, Gemüse wird rissig oder platzt auf. Kürbisgewächse (Kürbis, Gurke, Zucchini, Melone) sind besonders empfindlich.

Mögliche Verwechslungen: Falscher Mehltau, Grauschimmel, Weißer Rost, Sclerotinia-Fäule.

Bekämpfung

Chemisch: Behandlung mit Azoxystrobin, Schwefel (s. u.) und Lecithin.
Prophylaktisch: Entfernen Sie kranke Blätter und die, die im Herbst auf den Boden gefallen sind. Durch Verbrennen oder Kompostieren werden die überlebenden Pilze beseitigt.

Vorbeugende Maßnahmen

Genetisch: Ziehen Sie unempfindlichere oder resistente Sorten vor. Bei Saaten (Rote Bete, Kürbisgewächse, Erbsen) achten Sie auf die Sortenempfindlichkeit, die auf den Samenpackungen vermerkt ist. Manche Erdbeersorten wie die nicht-remontierende Sorte 'Maraline' oder die mittelfrühe Sorte 'Darselect' sind tolerant gegenüber Echtem Mehltau.
Gartenbaulich: Halten Sie optimale Pflanzabstände ein. Reduzieren Sie Maßnahmen, die zum übermäßigen

SMART – Um Schwefel kommt man nicht herum!

› **Der Schwefel,** der 1853 allgemein bekannt wurde, ist ein erprobtes Fungizid gegen Mehltau. Sein Dampf überzieht die Pflanze völlig. Er wirkt vorbeugend, bekämpfend und vernichtend. Er führt nicht zur Bildung von resistenten Stämmen und kann sogar noch eingesetzt werden, wenn die Krankheit schon fortgeschritten ist: Führen Sie dazu zwei Behandlungen im Abstand von 10 Tagen durch. Schwefel gibt es als Granulat, das in Wasser gelöst wird; er schadet bestimmten Nützlingen wie Raubwanzen nicht.

Vergeilen der Pflanzen auf Kosten ihrer Robustheit führen: zu viel Stickstoffdünger, tägliches, aber sparsames Bewässern, zu häufiger oder zu später Rückschnitt. Im Gewächshaus oder Wintergarten vermeiden Sie es die Pflanzen zu großer Feuchtigkeit und starken Temperaturschwankungen auszusetzen.

Biologisch: Behandeln Sie im Frühjahr vorbeugend mit Schwefel (s. Kasten S. 26). Hören Sie damit auf, wenn die Temperatur über 28 °C steigt, besonders im Gewächshaus, um das Laub nicht zu verbrennen. Während der warmen Jahreszeit nehmen Sie besser durch Abkochung gewonnene Schachtelhalmauszüge.

Chemisch: Behandeln Sie die empfindlichen Jungpflanzen mit Azoxystrobin. Dieses Mittel ist lange wirksam, weshalb die Anwendungsfrist vor der Ernte unbedingt eingehalten werden muss, damit in den Früchten keine Rückstände verbleiben. Bei Kürbisgewächsen und Tomaten beträgt diese Frist drei Tage.

Echter Mehltau auf einem Gurkenblatt

Echter Mehltau auf einem Zucchiniblatt

Gemüse-arten

Knoblauch, Zwiebel, Schalotte

(Zwiebelgewächse – Alliaceae)

Knoblauch, Zwiebel und Schalotte sind Pflanzen der kalten Jahreszeit, die Frost aushalten, aber bei zu viel Feuchtigkeit von Fäulnis befallen werden können. Pilzbefall ist der häufigste Feind.

Grauschimmel beim Knoblauch ❶

Tipps für den Anbau

❶ Knoblauch, Zwiebel und Schalotte brauchen während ihres Wachstums Wasser, sind aber weniger anspruchsvoll in der Phase des Dickerwerdens der Zwiebel.

SMART

Viel hilft hier nicht viel!

› **Zwiebelgewächse** brauchen recht wenig Nährstoffe und begnügen sich mit humusarmen Böden: Verteilen Sie vor ihrem Anbau keinen frischen Mist, denn das fördert Fäulnis an den Zwiebeln. Besser sind leichte, durchlässige Böden mit neutralem pH-Wert (6,5–7,5).

❷ Bauen Sie sie auf einem sonnigen Beet an, das gut dräniert ist, wodurch die Keimung und die Bildung der Zwiebel angeregt werden.

❸ Säen Sie Saatgut mit guter Keimfähigkeit und verwenden Sie schön dicke Brutzwiebeln, die nicht in der Hitze gelagert wurden.

❹ Ziehen Sie niemals Pflanzen der Familie Alliaceae zwei Jahre nacheinander am selben Standort. Führen Sie dreijährigen Fruchtwechsel durch, vor allem, wenn bei der vorangegangenen Ernte eine Zwiebelkrankheit beobachtet wurde.

❺ Bringen Sie vor dem Pflanzen keinen Mist oder Kompost aus (siehe Kasten).

Haupt-Schaderreger

FALSCHER MEHLTAU ❶

Beschreibung: Längliche, ockergelbe Flecken, violett getönter Schimmel, Verwelken der Pflanze in wenigen Tagen. Gefährdung bei kühlem, regnerischem Wetter.
Vorbeugung: Möglichst nicht über das Laub gießen, luftige Bestände.

Grauschimmel beim Knoblauch ❷

Rost ❸

Mehlkrankheit, Sclerotium cepivorum ❹

GRAUSCHIMMEL BEIM KNOBLAUCH ❷

Beschreibung: Es entwickelt sich grauer Schimmel bei trübem Wetter. Derselbe Pilz ruft eine Art „Verbrennung“ an den Blattspitzen der Zwiebeln hervor.

Vorbeugung: Für rasches Abtrocknen des Laubes sorgen.

ROST ❸

Beschreibung: Orangefarbene runde oder ovale Pusteln auf den Blättern. Im Sommer befällt dieser Pilz vor allem Knoblauch.

Vorbeugung: Keine Überdüngung, keine zu dichten Bestände.

MEHLKRANKHEIT ❹

Beschreibung: Weißfäule der Zwiebel, dann schwarze Punkte. Tritt auf, wenn die Zwiebelgewächse immer am selben Standort gezogen werden. Der Pilz hält sich 8 bis 9 Jahre im Boden.

Vorbeugung: Weit gestellte Fruchtfolge, Winterzwiebelanbau stärker gefährdet.

Seltenere Probleme

KRANKHEITEN

Purpurfleckenkrankheit: Schwarze Blattflecken, Blattverdrehungen.

Vorbeugung: Fruchtwechsel, Bestandshygiene, mit Stroh oder Folie mulchen.

Bakterienweichfäule: Fäule beginnt oft erst im Lager.

Vorbeugung: Fruchtwechsel, Zwiebelverletzungen vermeiden.

Zwiebelbrand: Beulenartige Anschwellungen, die später aufplatzen; schwarze Brandsporen.

Vorbeugung: Sehr weit gestellte Fruchtfolge.

SCHÄDLINGE

Minierfliege: Ernstes Problem bei Jungpflanzen. Bekämpfung siehe S. 50.

Lauchmotte (Larve): Schwacher Wuchs, Raupen-Fraßgang im Inneren.

Bekämpfung: Siehe Lauch S. 50.

Thripse: Kleine silbrige Einstiche im Gewebe deuten auf den Befall hin.

Bekämpfung: Setzen Sie Nützlinge aus oder spritzen Sie Ihre Pflanzen mit Kali-Seife.

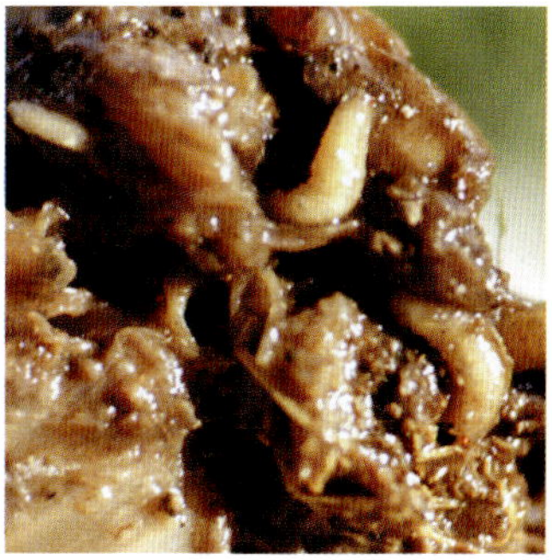

Zwiebelfliege: Made in der Zwiebel, Welken, Fäulnis.

Bekämpfung: Roden Sie befallene Pflanzen, um die Larven zu beseitigen, bevor sie sich verpuppen. Arbeiten Sie beim Pflanzen Mikrokugeln unter, die Chlorpyrifos enthalten. Einsatz von Kulturschutznetzen, Flächenwechsel.

Artischocke

(Korbblütler – Asteraceae)

Die Artischocke mag keinen kalkhaltigen Boden und braucht in gemäßigtem Klima viel Wasser. Sie kann von einigen Krankheiten und Schädlinge befallen werden, die beobachtet und unter Umständen behandelt werden müssen.

Tipps für den Anbau

❶ Pflanzen Sie in tiefgründigen, kühlen, gut luftführenden Boden, der tendenziell sauer ist, ansonsten arbeiten Sie ein paar Wochen vor der Kultur Geflügelmist oder Schweinegülle unter. Schwefelgaben in Form von „Schwefelblüten" können ebenfalls zu kalkhaltige Böden saurer machen. Säuernde Dünger: Ammoniumnitrat, Ammoniumsulfat.
❷ Um Parasitenherde zu vermeiden, ziehen Sie keine Artischocken nach anderen Korbblütlern (Wilde Artischocke, Endiviensalat, Chicorée, Kopf- und Schnittsalat, Löwenzahn).

Haupt-Schaderreger

ERDFLÖHE ❶

Beschreibung: Viele kleine Löcher in den Blättern in warmen Wetterperioden, kleine springende Insekten.

Erdfloh ❶

Vorbeugung: Oft hacken, gleichmäßige Bodenfeuchte.

RAUPEN

Beschreibung: Die Larven von Edelfaltern ❷ ❸ verursachen Fensterfraß, während die von Motte, Wickler und Eule ❹ die Blätter anfressen. Manche Eulen fressen die Deckblätter und bohren Gänge in die Stängel. Achtung, verwechseln Sie diese Schäden nicht mit den Spuren von Schneckenfraß, denn davon hängt die Wirksamkeit der Bekämpfung ab.
Behandlung: Siehe S. 20.

SCHWARZE BLATTLAUS

Beschreibung: Zu Beginn der Blüte häufig Kolonien an Stängeln und Blüten. Die Wurzeln werden manchmal von einer anderen Blattlaus-Art befallen.
Behandlung: Ernstes Problem, siehe S. 22.

Edelfalter (Larve) 2

Edelfalter 3

Nachtfalter (Larve) 4

Seltenere Probleme

KRANKHEITEN

Ascochytose:
Dieser Pilz befällt die Deckblätter bei Feuchtigkeit und kühlen Temperaturen im Herbst und bildet unregelmäßige schwärzlich braune Flecken.

Falscher Mehltau:
Tritt in milden feuchten Sommern auf. Leichter weißer Belag auf der Blattunterseite.

Bekämpfung: Entfernen Sie befallene Blätter.

Echter Mehltau:
Weißer Belag, Vergilben, Absterben/Nekrosen.

Bekämpfung: Siehe S. 26

Sclerotinia-Fäule:
Weißfäule an der Basis, schwarze Pilzflecken.

Vorbeugung: Düngen Sie mit Kalium; möglichst nicht über Kopf gießen, große Pflanzabstände.

SCHÄDLINGE

Rüsselkäfer:
Weiße Rüssler-Larve in den Stängeln und Blütenstielen, Blätter an der Basis vertrocknet oder zersetzt.

Bekämpfung: Entfernen Sie befallene Blätter, schneiden Sie eventuell die Stängel ab.

Grüner Schildkäfer:
Käferlarve, angefressene Blätter.

Bekämpfung: Siehe Rüsselkäfer.

Nervenminierfliege:
Miniergänge unter der Kutikula, reduziertes Wachstum.

Bekämpfung: Nicht notwendig.

Feld- und Wühlmaus:
Basis des Stängels angefressen.

Bekämpfung: Fallen oder Giftköder um das Beet.

Grüne Blattlaus:
Ernst bei Massenbefall.

Bekämpfung: Siehe S. 22.

Graue Raupe der Ypsilon-Eule:
Befällt die Wurzeln von verschiedenen Gemüsesorten.

Spargel (Liliengeächse – Liliaceae)

Da ein Spargelfeld etwa 12 Jahre produzieren kann, müssen die gefährlichsten Parasitenherde gleich beim ersten Befall nach dem Pflanzen ausgebremst werden, damit sie die Kultur nicht dauerhaft schädigen.

Tipps für den Anbau

❶ Kultivieren Sie Spargel an einem fruchtbaren, sonnigen Standort (siehe Kasten).

❷ Wenn das Kraut reif wird, schneiden Sie es so kurz wie möglich, um Fliegenpuppen zu vernichten und die Übertragung von Krankheiten zu vermindern, dann beseitigen Sie es.

Haupt-Schaderreger

ROST ❶

Beschreibung: Wenn der Frühling feucht ist, befällt der Pilz ernsthaft zweijährige Spargelpflanzen: Längliche, hellgrüne Flecken, dann orangefarbene Pusteln, die im Sommer schwarz werden, Vertrocknen der Blätter, kümmerliche und bittere Sprosse. Verwechseln Sie diese Pilzkrankheit nicht mit dem physiologischen Rost unten am Stängel und dem Spross, der auf nassen und kalten Böden auftritt.
Behandlung: Vorbeugende Behandlung in der Wachstumszeit und vor Regen mit Azoxystrobin, Metiram oder Kupferoxychlorid.

SMART

Krankheiten natürlich vermeiden!

- **Setzen Sie die Pflanzen** in einen durchlässigen, sandigen oder sandig-tonigen Boden.
- **Der Boden muss im Herbst** umgegraben und mit Mist oder einem phosphor- und kaliumbetonten Grunddünger verbessert werden.
- **Legen Sie die Reihen** in der Sonne und der Haupt-Windrichtung an, um die Lüftung der Kulturen zu fördern. So verhindern Sie, dass Tau und Morgennebel liegen bleiben und die Entwicklung von Krankheiten begünstigen.

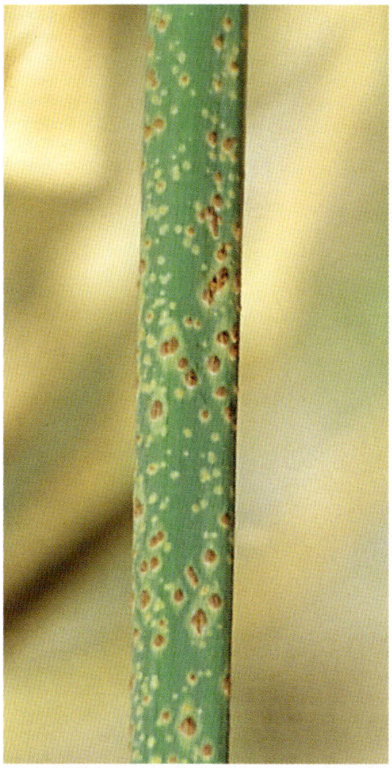

Rost ❶

Spargelhähnchen ❷

SPARGELHÄHNCHEN ❷
Beschreibung: Kleiner Käfer mit gelben oder schwarzen Tupfen, der im Mai die oberirischen Pflanzenteile anfrisst. Seine mit einer schleimigen Substanz bedeckte gelblich grüne Larve erscheint im Juni.
Behandlung: Sammeln Sie die ausgewachsenen Tiere morgens im Frühtau vor der Eiablage ein. Entfernen Sie vertrocknete Pflanzen.

SPARGELFLIEGE ❸
Beschreibung: Das rötliche Insekt fliegt von April bis Juni, legt dann Eier an der Spitze der Jungtriebe ab; es folgen weiße Maden, Gänge nach unten. Die Stängel lassen sich leicht ausreißen, die Sprosse welken.
Behandlung: Entfernen Sie befallene Triebe. Spargellaub im Herbst konsequent beseitigen.

Spargelfliege ❸

Seltenere Probleme

KRANKHEITEN
Sommerliches „Verbrennen“ durch Schwärzepilze:
Die Schwarzfleckenkrankheit führt zu ernsthaften Schäden, Infektion der Schuppen an den Stängeln und ölig aussehenden Flecken mit purpurrotem Hof.
Behandlung: Befallene Pflanzenteile sofort entfernen.

SCHÄDLINGE
Brachfliege:
Schäden werden bei der Ernte beobachtet: Verletzungen und Krümmungen an der Sprossspitze, sekundäre Entwicklung der Fusariose.
Behandlung: Weiße Leimtafeln. Es ist kein Insektizid für Hausgärten ausgewiesen.

Aubergine, Gewürz- und Gemüsepaprika

(Nachtschattengewächse – Solanaceae)

Man kann zwar den Ertrag dieser Langtagspflanzen im Gewächshaus beschleunigen, doch dann treten vermehrt Schädlinge auf. Sie ähneln denen der Tomate und der Kartoffel, die derselben Pflanzenfamilie angehören.

Tipps für den Anbau

❶ Ziehen Sie dieses Gemüse in einem ausgewogenen, fruchtbaren und sonnigen Boden (siehe Kasten).
❷ Lüften Sie tagsüber den Folientunnel, um Grauschimmel zu verhindern.

SMART

Die Füße kühl, den Kopf in der Sonne

- **Verbessern Sie die Erde** vor dem Anbau mit zersetztem Mist, damit sie kühl und fruchtbar wird.
- **In sehr saure Böden** (pH-Wert unter 6) arbeiten Sie Magnesiakalk oder Algenkalk ein.
- **Pflanzen Sie im Freiland** nicht vor Ende Mai und so, dass die Jungpflanzen in der Sonne stehen. Denn diese Gemüsearten brauchen mehr Wärme als die Tomate, besonders die Aubergine, die am besten bei 27 °C wächst.

Haupt-Schaderreger

ALTERNARIOSE ❶

Beschreibung: Schwarze Flecken, konzentrische Kreise. Diese Krankheit ist bei Regen sehr ansteckend.
Behandlung: Siehe S. 24.

FALSCHER MEHLTAU ❷

Beschreibung: Verschwinden der Sämlinge, Nekrosen am Wurzelhals.
Vorbeugung: Für rasches Abtrocknen des Laubes sorgen, bedarfsgerecht wässern.

MAGNESIUMMANGEL ❸

Beschreibung: Chlorose, Vergilben zwischen den Blattnerven oder Nekrosen am Blattrand. Die untersten Blätter sind zuerst befallen und welken.
Behandlung: Bringen Sie vor dem Anbau Mist aus (siehe Kasten), einen Einzelnährstoffdünger (Magnesiumsulfat – Bittersalz, Basalt als Gesteinsmehl) oder einen Mehrnährstoffdünger mit hohem Magnesiumgehalt.

Seltenere Probleme

KRANKHEITEN

Echter Mehltau:
Weiße, pudrige Flecken.
Bekämpfung: Siehe S. 26.

Alternariose ❶

Falscher Mehltau ❷

Magnesiummangel ❸

Grauschimmel:
Die feuchte Umgebung des Gewächshauses fördert ihn.
Bekämpfung: Den Tunnel belüften.
Sclerotinia-Fäule:
Feuchte weiße Faulstellen.
Bekämpfung: Düngen Sie mit Kalium und geben Sie Kalk.
Verticilliose:
Plötzliches Absterben, Stängelinneres wird braun.
Bekämpfung: Entfernen Sie kranke Pflanzen. 5 Jahre lang an diesem Standort keine Nachtschattengewächse.
Viruserkrankungen:
Deformationen, Entfärbungen und/oder Blatt- und Fruchtnekrosen.
Bekämpfung: Entfernen Sie kranke Pflanzen.

SCHÄDLINGE

Spinnmilbe ❹, Kohlmottenschildlaus, Thripse: ❺
Sie vermehren sich üppig im Gewächshaus, aber bei Wärme auch im Freien, und führen zum Vergilben des Laubes.

Ausgewachsene Spinnmilbe ❹

Minierfliege ❻

Thripse ❺

Flügellose Blattläuse ❼

Bekämpfung: Im Gewächshaus Nützlinge aussetzen oder Insektizid mit Kali-Seife oder Rapsöl spritzen.
Kartoffelkäfer:
Sehr gefräßig an der Aubergine als Larve und ausgewachsen.
Bekämpfung: Absammeln der Käfer und Larven, Eigelege vernichten.
Minierfliege: ❻
Larvengänge in den Blättern, Maden.
Bekämpfung: Gelbe Leimfalle.
Ypsilon-Eule:
graue Raupe, Wurzelhals und Wurzeln angefressen.
Bekämpfung: Siehe S. 18.
Blattläuse: ❼
Ziemlich ernst.
Bekämpfung: Siehe S. 22.

Rote Bete, Spinat, Mangold

(Gänsefußgewächse – Chenopodiaceae)

Alle essbaren Teile dieser Pflanzen wie die fleischige Wurzel der Roten Bete, die Blattrippen des Mangolds und Spinatblätter sind empfindlich gegenüber Schädlingen und Krankheiten, aber nur wenige sind besorgniserregend.

Tipps für den Anbau

❶ Säen Sie Rote Bete mit der optimalen Menge von 25–30 g Samen/m², lichten Sie dann die Reihen aus oder pikieren Sie, damit die Pflänzchen nicht zu dicht stehen.

❷ Wässern Sie frühmorgens, damit die Pflanzen tagsüber abtrocknen können und weniger krankheitsanfällig sind.

❸ Durch Hacken und Anhäufeln der Pflanzung wird Unkraut beseitigt, der Boden wird belüftet und bleibt kühl.

Haupt-Schaderreger

CECOSPORIOSE, RAMULARIOSE, ALTERNARIOSE ❶

Beschreibung: Braune Blattflecken, verminderter Zuckergehalt.
Vorbeugung: Fruchtwechsel.

ECHTER MEHLTAU ❷

Beschreibung: Weißer Belag auf den Blättern, Verwelken.
Behandlung: Siehe S. 26.

MINIERFLIEGE ❸

Beschreibung: Larven-Fraßgänge in den Blättern, durchscheinende Flecken, Fäulnis. Man zählt drei Generationen pro Jahr vom Frühjahr bis zum Herbst.
Behandlung: Gelbe Leimfallen; schneiden Sie die von Maden befallenen Pflanzenteile ab, Kulturschutznetze.

BLATTLÄUSE

Beschreibung: Kolonien kleiner schwarzer Insekten auf der Blattunterseite führen dazu, dass sich die Blätter kräuseln oder die inneren grün werden.
Behandlung: Siehe S. 22. Bei Massenbefall recht ernst.

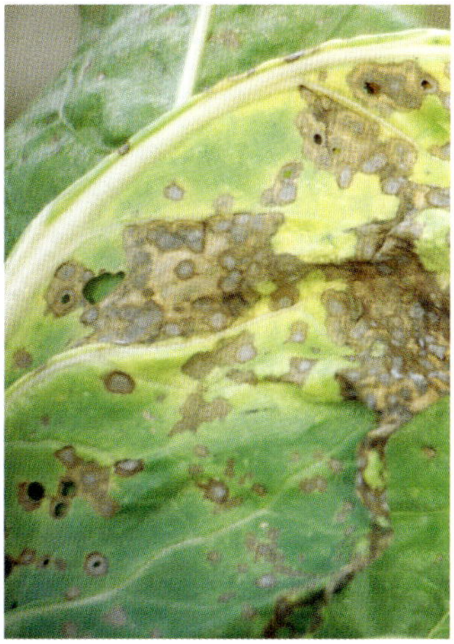

Cecosporiose ❶

Echter Mehltau ❷

Minierfliege ❸

Seltenere Probleme

KRANKHEITEN

Falscher Mehltau:
Deformierte, blassgrüne Blätter, grauvioletter Belag auf der Unterseite.
Vorbeugung: Keine zu dichten Bestände, Sortenwahl (Spinat).

Wurzelbärtigkeit:
Viruserkrankung. Aufrechter Wuchs und Aufhellung des Laubes mit anschließendem Vertrocknen. Üppige Haarwurzeln, die vertrocknen und absterben. Die Symptome an den Wurzeln können mit einem Befall durch Zystenälchen (Nematoden) verwechselt werden und an den Blättern mit einem Bor- oder Kaliummangel.

Rost:
Orangegelbe Pusteln, Faulen der Blätter.
Bekämpfung: Siehe S. 24.

Sclerotinia-Fäule:
Weiße, dann braune Fäulnis am Wurzelhals oder der Wurzel.
Bekämpfung: Entfernen Sie befallene Pflanzen. Düngen Sie mit Kalium und bringen Sie Kalk aus.

SCHÄDLINGE

Erdflöhe:
Kleine abgerundete Fraßstellen an den Blättern, springende Insekten.
Bekämpfung: In warmen, trockenen Wetterperioden regelmäßig gießen und hacken, Kulturschutznetze.

Zikade:
Einstiche, blasse Flecken im Gewebe.
Bekämpfung: Wie Erdflöhe.

Schnecken:
Tauchen vom Beginn der Kultur an auf.
Bekämpfung: Siehe S. 16.

Ypsilon-Eule:
Raupe, Bissstellen. Recht ernst.
Bekämpfung: Siehe S. 20.

Wanze:
Einstiche, Deformationen, Vergilben. Nicht schlimm.
Bekämpfung: Nicht notwendig.

Erdlarven:
Die graue Raupe der Eulen, der Drahtwurm des Saatschnellkäfers und der weiße Engerling des Mai- oder Junikäfers durchlöchern die Wurzeln, bei entsprechender vorangegangener Flächennutzung: Möhre, Kartoffel, Rasen usw.
Bekämpfung: Siehe S. 18.

Möhre, Sellerie (Doldenblütler – Apiaceae)

Auch wenn manche Schädlinge die Ernte dezimieren, ihre Bekämpfung und chemische Vernichtung darf nicht dazu führen, dass die leckeren Wurzeln mit Pestizid-Rückständen „gewürzt“ sind.

Tipps für den Anbau

❶ Ziehen Sie sie in kühlem, gut vorbereitetem Boden. ❷ Betreiben Sie 3-, ja bis zu 5-jährigen Fruchtwechsel, wenn in der Vergangenheit ein Befall mit Bodenpilzen beobachtet wurde. Vorangehende Kulturen siehe Kasten.

Haupt-Schaderreger

WURZELKRANKHEITEN

Beschreibung: An Möhre und Sellerie Sclerotinia-Fäule (Weißfäule). Violetter Wurzeltöter Rhizoctonia (Möhre im unteren Teil von dunklen Pilzfäden überzogen und leicht eingesunken), Wurzelfäule durch *Pythium* (hellbraune Risse, Platzen der Wurzeln beim Dickenwachstum).

Behandlung: Düngen mit Kalium. Bei allen Wurzelkrankheiten reißen Sie die

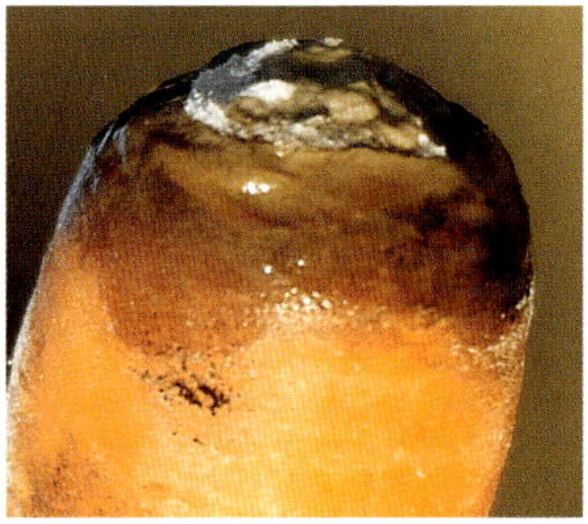

kranken Pflanzen aus und ziehen Sie an diesem Standort über mehrere Jahre keine Möhren mehr.

ECHTER MEHLTAU

Schadbild: Weißer Belag auf den Möhrenblättern. Begünstigt durch morgendlichen Tau und große Temperaturunterschiede zwischen Tag und Nacht. Ertragsminderungen.

Behandlung: Siehe S. 26, Schwefel.

BRAUNE BLATTFLECKEN ❶

Beschreibung: Bei der Möhrenschwärze (*Alternaria dauci*) entwickeln sich kleine braune, weiß geränderte Flecken, die am Rand der

SMART

Was ist hier vor der Möhre gewachsen?

- **Manche Kulturen sind vor der Möhre zu meiden:** Doldenblütler, also dieselbe Pflanzenfamilie (Sellerie, Petersilie, Pastinaken), Kreuzblütler (Kohl, Weiße Rübe, Rettich/Radieschen bei Gefahr von Sclerotinia-Fäule) und Gräser (Deutsches Weidelgras im Gründünger; Rasenflächen, die Blattfleckenkrankheiten begünstigen).
- **Hingegen sind gut für den Möhrenanbau:** Feldsalat gegen Falschen Mehltau und Grauschimmel (durch *Botrytis*), Erdbeeren oder Himbeeren gegen Echten Mehltau, Zwiebeln gegen Falschen Mehltau und den Pilz *Botrytis squamosa*.

Blattdürre bei Sellerie ❶

Sellerie-Minierfliege ❷

Möhrenfliege ❸

älteren Blätter verstreut sind. Sie überziehen bald das ganze Laub, es wird schwarz und verfault. Die Septoria-Blattdürre beim Sellerie erscheint vor allem im August/September: kleine hellbraune Flecken mit dunklem Rand auf den Blättern, die Pilzsporen halten sich am Saatgut.
Behandlung: Siehe S. 24.

SELLERIE-MINIERFLIEGE ❷

Beschreibung: Die weiße Made bohrt Larvengänge in die Blätter, die vergilben.
Behandlung: Entfernen Sie befallene Blätter.

MÖHRENFLIEGE ❸

Beschreibung: Die Wurzeln werden mit Gängen durchbohrt, die das Fruchtfleisch verhärten, deformieren und austrocknen; kleine gelbe Larven, sekundäre Fäulnis, Welken der Blattwedel. 4–5 mm große Fliege mit gelben Beinen, 2–3 Generationen pro Jahr, befällt auch den Sellerie.
Behandlung: Reißen Sie befallene Möhren aus. Fangen Sie die Fliege mit gelben Leimfallen. Spannen Sie ein halbtunnelförmiges Insektenschutzvlies, um die Eiablage zu verhindern. Untergraben eines körnigen Insektizid in der Saatreihe: Chlorpyrifos.

Seltenere Probleme

KRANKHEITEN

Bakterienerkrankung des Selleries:
Braune Blattflecken mit entfärbtem Rand.
Bekämpfung: Vorbeugende Behandlung mit Kupferoxychlorid.

Falscher Mehltau bei der Möhre:
Bei kühlem, feuchtem Wetter gelbe, dann braune Flecken auf der Blattoberseite, Unterseite mit weißem Belag.
Vorbeugung: Für rasches Abtrocknen des Laubes sorgen.

SCHÄDLINGE

Spinnmilbe:
Vergilben der Blätter im Sommer.
Bekämpfung: In warmen Perioden wässern.

Blattsauger/Blattfloh:
Gekräuseltes Laub.
Bekämpfung: Selten erforderlich, Kali-Seife.

Wurzel- oder Stängelläuse:
Recht ernst bei starker Vermehrung.
Bekämpfung: Siehe S. 22.

Graue Eulen-Larve:
Angefressene Wurzel, Raupe.
Bekämpfung: Siehe S. 18.

Kohl (Kreuzblütler – Brassicaceae)

Einige Schädlinge und Krankheiten können vom Beginn der Kultur an auftreten. Es empfiehlt sich eine aufmerksame und regelmäßige Beobachtung nach der Aussaat oder dem Setzen der Pflanzen, bevor das Wachstum so richtig losgeht.

Tipps für den Anbau

① Wässern Sie regelmäßig, sobald die Pflanzen gekeimt haben, um Erdflöhe und Blattläuse nicht anzulocken.
② Gegen Schwärzepilze (Gattung *Phoma*) helfen Fruchtwechsel und resistente Sorten.
③ Entfernen Sie nach der Ernte Stümpfe und alte Kohlblätter, die Krankheiten und Fliegenpuppen beherbergen können.

Haupt-Schaderreger

ERDFLOH ①

Beschreibung: Kleiner springender Käfer, durchlöchert Keimblätter und Blätter, starker Besatz bei Wärme.
Behandlung: Bei Wärme und Trockenheit regelmäßig gießen und hacken.

BLATTFRESSENDE RAUPEN

Beschreibung: Fraßschäden an Blättern und Kopf, Exkremente der Larven von Eule, Kohlweißling oder Wickler.
Behandlung: Einsammeln der Raupen oder Behandlung mit Insektizid, das *Bacillus thuringensis* enthält, bis 3 Tage vor der Ernte.

KOHLFLIEGE ③

Beschreibung: Vergilbte oder verwelkte Blätter, Wurzeln voller Fraßgänge von kleinen Maden, Pflanzen verfaulen. Die Fliegen legen im Mai ihre Eier am Wurzelhals ab.
Behandlung: Siehe „Tipps für den Anbau". Bedecken Sie die Saat oder pikierte Jungpflanzen mit Insektenschutzvlies oder -netz. Wenn große Gefahr besteht, arbeiten Sie schon vor der Aussaat Chlorpyrifos in den Boden ein.

BLATTLÄUSE

Beschreibung: Kolonien aschgrauer oder grüner Blattläuse, vermindertes Wachstum, unförmige Pflanze, Absterben des Kopfes, Bildung kleiner Köpfe aus den Seitenknospen.
Behandlung: Siehe S. 22.

Seltenere Probleme

KRANKHEITEN

Kohlhernie:
Auswüchse an den Wurzeln aufgrund eines Pilzes, Welken des Kohls. Nicht verwechseln mit Gallen, die vom Kohlgallenrüssler verursacht werden (siehe S. 55).
Bekämpfung: Mindestens dreijähriger Fruchtwechsel, Gründüngung (Deutsches Weidelgras) zwischen zwei Kulturen, Dränage feuchter Böden, Gabe von ungelöschtem Kalk.

Erdfloh ❶

Kohlweißling ❷

Kohlfliege ❸

Falscher Mehltau:
Gelbe, braun werdende Flecken an der Blattoberseite, unten gräulicher Belag.
Bekämpfung: Große Pflanzabstände, morgens gießen.
Schwärzepilze (*Phoma*):
Verkümmerter schwarzer Stängel.
Bekämpfung: Siehe „Tipps für den Anbau".
Weißer Rost:
Weiße Bläschen auf den Blättern, Welken.
Bekämpfung: Wie Falscher Mehltau.
Blattfleckenkrankheiten: Pilze rufen braune Flecken hervor, dann das Vergilben der Blätter.
Bekämpfung: Die Ringfleckenkrankheit befällt auch Raps, deshalb möglichst großen Abstand zu Rapsfeldern einhalten.

SCHÄDLINGE

Kohlmottenschildlaus:
Kleine durchscheinende Larven, die auf der Blattunterseite haften, Vergilben. Erwachsenen Tiere bezeichnet man als „Weiße Fliegen".
Bekämpfung: Gelbe Leimfalle, Behandlung mit Kali-Seife oder Rapsöl zusammen mit einem Netzmittel.
Kohldrehherzmücke:
Verdrehtes Laub, Triebspitze stirbt ab.
Bekämpfung: Gelbe Leimfalle, Flächenwechsel.
Kohlrübenblattwespe:
Gefräßige schwarze Raupe, die die Blätter zu „Spitzendeckchen" verarbeitet.
Bekämpfung: Flächenwechsel, Larven absammeln.
Kohlgallenrüssler (s. S. 55):
Vermindertes Wachstum, Schwellen der Wurzel nahe am Wurzelhals oder rissiger Stängel; Larve mit braunem Kopf im Gewebe. **Bekämpfung:** Befallene Pflanzen ausreißen, Flächenwechsel.
Bekämpfung: Siehe S. 18.

Kohlhernie ❹

Netzmittel verbessert die Kohl-Behandlung

› **Die Kohlblätter** haben eine wachsartige Kutikula, die wasserabstoßend ist. Geben Sie Netzmittel in das Spritzgerät, damit das Mittel besser auf den Blättern haftet.

Gurken, Zucchini

(Kürbisgewächse – Cucurbitaceaes)

Diese Pflanzen fürchten kalte Böden, späten Frost und Wind. Werden sie diesen Witterungsbedingungen ausgesetzt, sind vor allem Jungpflanzen anfällig für diverse Schädlinge.

Tipps für den Anbau

❶ Säen oder pflanzen Sie in gemäßigten Gegenden nach Mitte Mai, geschützt vor dem vorherrschenden Wind.
❷ Pflanzen Sie in gut vorbereitete Erde und in sonniger Lage (siehe Kasten).
❸ Lassen Sie bei Zucchinis einen Meter Abstand zwischen den einzelnen Pflanzen; stützen Sie Salatgurken ab oder binden Sie sie hoch.
❹ Entfernen Sie umgehend von Viren befallene Pflanzen oder verfaultes Gemüse.

Vom Mosaikvirus befallene Pflanze.

Milben ❶

Echter Mehltau ❷

Haupt-Schaderreger

SPINNMILBEN ❶
Beschreibung: Gelb getüpfelte Blätter, winzige bewegliche rote oder gelbliche Tierchen, feine seidige Netze am Saum auf der Blattunterseite. Unter warmen, trockenen Bedingungen, besonders im Gewächshaus.
Behandlung: Behandeln Sie das Laub mit Kali-Seife, die die mobilen Formen der Milben vernichtet. Schwefel wirkt, obwohl es ein Fungizid ist, interessanterweise abschreckend. Im Gewächshaus bekämpfen Sie besser biologisch mit natürlichen Feinden.

ECHTER MEHLTAU ❷
Beschreibung: Weißer Belag auf Blättern, Blattstielen und Stängeln, Verdorren gefördert durch Wuchsstockungen, Temperaturschwankungen und Morgentau.
Behandlung: Ernst nehmen! Siehe S. 26.

BLATTLÄUSE
Beschreibung: Dunkelbraune oder gelbliche Blattläuse an der Blattunterseite, Vergil-

Grauschimmel ❸

ben, leichtes Kräuseln, vermindertes Wachstum.
Behandlung: Eingreifen, wenn sie überhand nehmen! Siehe S. 22

BLATTLÄUSE
Beschreibung: Kolonien aschgrauer oder grüner Blattläuse, vermindertes Wachstum, unförmige Pflanze, Absterben des Kopfes, Bildung kleiner Köpfe aus den Seitenknospen.
Behandlung: Siehe S. 22.

Seltenere Probleme

KRANKHEITEN
Gurkenkrätze:
Braune Blattflecken in feuchter, kalter Wetterperiode, Geschwürbildung bei der Zucchini.

Sclerotinia-Fäule ❹

Bekämpfung: Flächenwechsel, gut dränierte Anbauflächen, windoffene Lagen.
Grauschimmel ❸
Braunwerden des Gewebes, graue Fäulnis, hauptsächlich im Gewächshaus.
Bekämpfung: Heizen Sie das Gewächshaus, wenn das Frühjahr feucht und kühl ist, lüften Sie an schönen Tagen, Bestandshygiene.
Sclerotinia-Stängelfäule ❹
Weiße, feuchte Fäulnis.
Bekämpfung: Mit Kalium düngen und in sauren Boden etwas Kalk einarbeiten. Flächenwechsel, tiefe Bodenbearbeitung, Bestandshygiene.

SCHÄDLINGE
Eulen:
Raupen, Fraßspuren.
Bekämpfung: Siehe S. 20.
Wanzen:
Einstiche, verformte Früchte.

Thripse ❺

Bekämpfung: Behandlung nicht gerechtfertigt.
Saatschnellkäfer:
Drahtwurm bei entsprechender vorangegangener Flächennutzung, angefressene Wurzeln.
Bekämpfung: Siehe S. 18.
Thripse ❺
Winzige Insekten bei warmem Wetter und im Gewächshaus, Absterben der Blüten, silbrig weiße Tupfer auf dem Gewebe.
Bekämpfung: Aussetzen natürlicher Feinde im Gewächshaus, Behandlung mit Kali-Seife im Freiland.

NICHT-PARASITÄRE URSACHEN
Korkflecken:
Nekrosen, Deformationen der Salatgurke im Gewächshaus.
Bekämpfung: Kalte Zugluft vermeiden.

Bohnen, Erbsen
(Schmetterlingsblütler– Fabaceae)

Diese Pflanzen leiden kaum unter Schädlingen – nur einige sollte man beobachten, eventuell bekämpfen, damit der Befall nicht überhand nimmt. Schmetterlingsblütler, die früher als „Leguminosen" bezeichnet wurden, brauchen keinen Stickstoffdünger.

Spinnmilben ❶

Erbsenkäfer ❷

Tipps für den Anbau

❶ Stickstoffdünger ist überflüssig, da in den Wurzelknöllchen dieser Pflanzen Bakterien leben, die den Stickstoff aus der Luft binden. Sie bilden einen wichtigen Gründünger für den Gemüsegarten.

❷ Verwenden Sie gesundes Saatgut, um Erbsenkäfer-Befall zu vermeiden.

❸ Schützen Sie die Saat gegen samenraubende Vögel wie Tauben und Rabenvögel.

Haupt-Schaderreger

MILBEN ❶

Beschreibung: Die Spinnmilbe vermehrt sich rasch bei trockenem, warmem Wetter. Die winzigen gelben oder roten Milben sitzen in zarten Netzen auf der Blattunterseite.

Behandlung: Lassen Sie natürliche Nützlinge agieren oder behandeln Sie das Laub mit Kali-Seife oder Rapsöl. Schwefel wirkt abschreckend, obwohl er eigentlich ein Fungizid ist.

ERBSENKÄFER ❷

Beschreibung: Weiße beinlose Larven in den Hülsen, erwachsene Käfer in gelagerten Samen.

Behandlung: Verwenden Sie gesundes Saatgut; Flächenwechsel, Ausfallerbsen konsequent vom Beet entfernen (der Käfer überwintert hier); palen Sie Erbsen innerhalb von zwei Tagen nach der Ernte aus.

BLATTLÄUSE ❸

Beschreibung: Ab Mai besiedeln geflügelte schwarze Blattläuse Puffbohnen und grüne Bohnen; flügellose Blattläuse sitzen wie Man-

Blattläuse ❸

Erbsenblattrandkäfer an Lupine ❹

Feldmausschaden ❺

schetten auf Trieben, Stängeln und Hülsen; Ameisen werden vom Honigtau angelockt, schwarzer Rußtau erscheint. Die Winter-Eier des Insekts halten sich auf dem Gewöhnlichen Pfaffenhütchen, Schneeball und Pfeifenstrauch. Die Grüne oder Rosa Blattlaus der Erbse erscheint von Februar bis September. Sie ist wegen ihrer Überträgerfunktion von Viren sehr schädlich.
Behandlung: Wichtig bei Massenbefall. Siehe S. 22.

ERBSENBLATTRANDKÄFER ❹

Beschreibung: Diese Rüsselkäfer schneiden Keimblätter halbkreisförmig ein.
Behandlung: Ausreichend Abstand zu Feldern mit Klee, Luzerne oder Futterwicke einhalten.

Seltenere Probleme

KRANKHEITEN

Kaliummangel:
Weiße oder bräunliche Tupfer an der Spitze oder am Rand der Einzelblätter.
Bekämpfung: Bringen Sie kaliumbetonten Dünger aus (Patentkali, Kornkali, Kaliumsulfat, Kaliumchlorid, Kaliumnitrat).

Falscher Mehltau:
Kurze Internodien, vergilbte Schoten, grauer Belag auf den Samen. **Bekämpfung:** Aussaat in abgetrockneten und aufgewärmten Boden. Im Hausgartenbereich ist keine Behandlung des Saatguts erlaubt.

Echter Mehltau:
Siehe S. 26.

Grauschimmel:
Schimmlige Hülsen, gräulicher Belag. Braune Flecken (Alternariose, Anthraknose, Bohnenrost) befallen die grünen Teile.
Bekämpfung: Siehe S. 24.

SCHÄDLINGE

Wühl- und Feldmaus: ❺
Lücken beim Aufgehen der Saat. **Bekämpfung:** Giftköder mit Zinkphosphid um das exponierte Beet. Fallen stellen.

Erbsen-Gallmücke:
Weißliche Maden auf Blüten oder in Hülsen.
Bekämpfung: Kein Mittel ist genehmigt. Flächenwechsel, intensive Bodenbearbeitung, windoffene Lagen.

Bohnenfliege:
Verschwinden der Sämlinge/Jungpflanzen, Maden.
Vorbeugung: Vor der Kultur keinen Mist ausbringen.

Eulen:
Blattfressende Raupen.
Bekämpfung: Siehe S. 20.

Vögel:
Fressen die gesäten Samen.
Bekämpfung: Siehe „Tipps für den Anbau".

Thripse:
Absterben der Blüten, Deformation der grünen Pflanzenteile, saugende Insekten.
Bekämpfung: Bei warmem Wetter regelmäßig gießen.

Wickler:
Gelbe Raupen in den Schoten. **Bekämpfung:** Schmetterlingsmännchen werden in Pheromonfallen gefangen; Flächenwechsel, windoffene Lagen.

Melone, Kürbis

(Kürbisgewächse – Cucurbitaceae)

Wenn sie im Gemüsegarten keinen guten Platz haben, sind diese einjährigen Pflanzen Schädlingsbefall gegenüber empfindlicher. Die Melone ist im Gewächshaus sehr anfällig.

Tipps für den Anbau

❶ Ziehen Sie Kürbisgewächse in einem fruchtbaren Boden an geschütztem, sonnigem Standort.
❷ Lassen Sie beim Setzen ausreichend Abstand zwischen den Pflanzen (siehe Kasten).
❸ Wässern Sie gleich nach dem Pflanzen direkt an den Wurzeln, dann wöchentlich (siehe Kasten).
❹ Entfernen Sie sofort jede Pflanze mit Virusbefall und verfaultes Gemüse.

SMART

Die gesunde Melone

› **Die Einhaltung** der Pflanzabstände behindert die Ansiedlung von Parasiten: Sehen Sie 50 cm Platz zwischen den Pflanzen in der Reihe und 2 m zwischen den Reihen vor. Pflanzen einzeln und nicht von oben wässern, das begünstigt Blatterkrankungen.

Echter Mehltau ❶

Milben ❷

Haupt-Schaderreger

ECHTER MEHLTAU ❶

Beschreibung: Kann alle Teile befallen; kleine Flecken auf der Blattunterseite und weißlicher Belag.
Behandlung: Bevorzugen Sie resistente Sorten und nutzen Sie biologische Methoden (Netzschwefel als Vorsorgemaßnahme) anstatt chemische. Siehe S. 26.

MILBEN ❷

Beschreibung: Vergilben der Blätter, winzige bewegliche rote oder gelbliche Tiere in zarten Netzen auf der Blattunterseite. Sie vermehren sich bei höheren sommerlichen Temperaturen im Freiland und im Folientunnel vom Frühjahr an.
Behandlung: Kali-Seife oder Rapsöl spritzen, wenn natürliche Feinde nicht ausreichen. Im Gewächshaus Nützlinge aussetzen.

BLATTLÄUSE

Beschreibung: Kolonien unter den Blättern, gekräuselte Blätter, häufig im Frühjahr.
Behandlung: Wenn sie massenhaft auftreten, ernst nehmen. Siehe S. 22.

Samtfleckenkrankheit ❸

Gefäß-Fusariose ❹

Seltenere Probleme

KRANKHEITEN

Samtfleckenkrankheit: ❸
Ernste Erkrankung bei kaltem, feuchtem Wetter, braune Flecken auf Blättern und Früchten, krebsartig aussehende Wunden.
Bekämpfung: Flächenwechsel, gut dränierter Boden.

Umfallkrankheit:
(Wurzelbrand aufgrund eines Befalls mit *Pythium*): Boden zu kalt oder unter feuchten Bedingungen vorbereitet.
Bekämpfung: Nicht zu früh säen, besser im Frühbeet, nur gut abgehärtete Pflanzen setzen, vernünftig gießen.

Gefäß-Fusariose/Gurkenwelke (Schimmelpilz *Fusarium oxysporum*):
Verwelken des Laubes, Triebe werden innen braun.
Bekämpfung: Ziehen Sie eine resistente Sorte wie die Charantais-Melone ‘Anasta’.

Falscher Mehltau:
Gelbe Blattflecken, die von den Nerven begrenzt werden. Die Melone ist besonders empfindlich.
Bekämpfung: Weiter Pflanzabstand, frühmorgens gießen.

Grauschimmel: ❹
Gewebe wird braun, grauer Schimmel, vor allem im Gewächshaus.
Bekämpfung: Heizen Sie das Gewächshaus bei feuchtem, kühlem Wetter, lüften Sie an schönen Tagen; Bestandshygiene.

Sclerotinia-Fäule:
Weiße, feuchte Fäule.
Bekämpfung: Mit Kalium düngen und Bodenverbesserung mit Kalk. Flächenwechsel, tiefe Bodenbearbeitung, Bestandshygiene.

SCHÄDLINGE

Eule:
Raupen-Fraßspuren.
Bekämpfung: Bekämpfen Sie die jungen Larven mit *Bacillus thuringiensis*.

Wanze *Lygus*:
Einstiche, Frucht-Deformationen. **Bekämpfung:** Nicht erforderlich.

Maiszünsler (*Ostrinia nubilalis*):
Raupengänge in Trieben oder Früchten.
Bekämpfung: Pheromon-Fallen zum Fangen der Schmetterlings-Männchen.

Saatschnellkäfer:
Von gefräßigen, orangefarbenen Larven angefressene Wurzeln.
Bekämpfung: Siehe S. 18.

Thripse:
Winzige hellbraune Insekten auf der Blattunterseite, Entfärbungen.
Bekämpfung: Aussetzen von Nützlingen im Gewächshaus, Behandlung mit Kali-Seife im Freiland.

NICHT-PARASITÄRE URSACHEN

Physiologisches Welken“ der Melone. **Bekämpfung:** Beachten Sie die Kulturansprüche (siehe Kasten).

Nährstoffprobleme:
In saurem Boden Molybdän-Mangel mit fehlendem Calcium und zu viel Magnesium.
Bekämpfung: Bodenverbesserung mit Algenkalk.

Lauch (Zwiebelgewächse – Alliaceae)

Die Raupe der Lauchmotte wird von den Gärtnern am meisten gefürchtet, denn sie richtet großen Schaden an den Zwiebelgewächsen an. Doch sie lässt sich mit rechtzeitig angebrachten Fallen eingrenzen.

Tipps für den Anbau

❶ Entfernen Sie regelmäßig alte Blätter und ungeerntete Pflanzen, um Lauchmotten- und Minierfliegen-Populationen zu verringern.
❷ Durch Mulchen der Reihen muss weniger gegossen werden – so wird der Befall durch Blattpilze weniger gefördert.

Haupt-Schaderreger

MINIERFLIEGE

Beschreibung: Seit 1996 in Baden-Württemberg auf Lauchgewächsen beobachtet (Knoblauch, Schnittlauch, Zwiebel, Porree). Kleine braune Puppe im Gewebe, graue, 3 mm lange Fliege mit großem gelbem Kopf, Fraßstellen, Eiablage. Die Made frisst einen Gang in das Blatt (zum Schaft hin) und fördert Sekundärfäule. 1–2 Generationen pro Jahr.
Behandlung: An Jungpflanzen wichtig. Prophylaxe: Siehe „Tipps für den Anbau". Spannen Sie ein Insektenschutznetz. Flächenwechsel, windoffene Lagen.

LAUCHMOTTE ❶

Beschreibung: Die Schäden werden durch die Raupe des graubraunen Falters verursacht. Besonders schädlich sind sie während des Dickenwachstums der Pflanzen (vom Spätsommer bis zum Herbstbeginn). Nach der Befruchtung legen die Weibchen etwa 20 Tage lang auf den Blättern ihre Eier ab. Man zählt 2–3 Generationen pro Jahr.
Behandlung: Fangen Sie die Männchen in einer Pheromonfalle. Insektenschutznetz sofort nach dem Pflanzen über das Beet spannen, Ränder eingraben.

ROST ❷

Beschreibung: Gelbe oder braune Pusteln, geplatzte Epidermis, vermindertes Wachstum. Er befällt Blätter, Stängel und Triebe der entwickelten Lauchpflanzen.
Behandlung: Ernterückstände beseitigen.

Lauchmotte (Larve) ❶

Rost 2

Thrips-Schäden 3

Erwachsene Thripse 3

Seltenere Probleme

KRANKHEITEN

Fettfleckenkrankheit durch Pseudomonas-Bakterien:
Gelbe, ölig aussehende Streifen auf den Blättern, Deformierung.
Bekämpfung: Selten notwendig, befallene Pflanzen vernichten.

> SMART
>
> **Tötet Kälte die Lauchmotte ab?**
>
> › **Nein,** denn die Raupe verträgt niedrige Temperaturen. So wird eine Population durch strenge Winter nie stark dezimiert. An einem schönen Tag kann die Motte wieder aufleben. Das passiert häufig im Folientunnel bei Temperaturen über 14 °C – da folgt eine Generationen auf die nächste.

Falscher Mehltau:
Helle Flecken an den Blättern, Laub stirbt ab.
Bekämpfung: Für rasches Abtrocknen der Bestände sorgen; windoffene Lagen.

Mehlkrankheit durch *Sclerotium cepivorum*:
Weiße, wattige Fäulnis am Wurzelboden.
Bekämpfung: Düngen Sie kaliumbetont und verbessern Sie den Boden mit Kalk. Flächenwechsel.

Stemphyliose durch Schwärzepilze:
Weiße Flecken, die mit schwarzen Punkten übersät sind.
Bekämpfung: Halten Sie Rost und Falschen Mehltau in Grenzen, sie begünstigen Sternphyliose.

SCHÄDLINGE

Zwiebel- und Tabak-Thripse: 3
Zahlreiche silbrig weiße Einstiche auf den Blättern.
Bekämpfung: Setzen Sie Nützlinge aus oder spritzen Sie mit Kali-Seife.

Zwiebelfliege:
Maden im unteren Teil, Fäulnis, 4–5 Generationen pro Jahr, die Saat ist besonders empfindlich.
Bekämpfung: Reißen Sie befallene Pflanzen aus, um die Larven vor der Metamorphose zu entfernen. Vor der Aussaat arbeiten Sie Granulate mit Chlorpyrifos in den Boden ein. Flächenwechsel, Kulturschutznetze.

Nelkenwickler:
Grünliche Raupe, Fraßgänge.
Bekämpfung: Wie Lauchmotte.

NICHT-PARASITÄRE URSACHEN

Vorzeitiger Alterungsprozess:
Physiologisches Welken“. Nicht zu verwechseln mit der Fettfleckenkrankheit oder einer Virose. **Bekämpfung:** Nicht notwendig.

Kartoffel

(Nachtschattengewächse – Solanaceae)

Diese in unseren Gemüsegärten so wichtige Pflanze wird leicht von Parasiten an Laub und Knollen befallen. Aufmerksamkeit und bestimmte Behandlungen sind angebracht.

Tipps für den Anbau

❶ Kaufen Sie am besten nur anerkannte Pflanzkartoffeln.
❷ Ziehen Sie Kartoffeln in fruchtbarem, gut abgetrocknetem Boden (siehe Kasten).
❸ Entfernen Sie Wildtriebe, Schwarzen Nachtschatten und Datura, um nicht die Kartoffelkäfer zu fördern, die sich beim Aufwachen aus dem Winterschlaf davon ernähren.
❸ Führen Sie Fruchtwechsel durch und pflanzen Sie dabei 3 oder 4 Jahre lang keine anderen Nachtschattengewächse (Tomate, Aubergine).

Tolle Knolle!

Die Kartoffel braucht viel Kalium und Magnesium. Einen Monat vor dem Setzen arbeiten Sie beim Umgraben 2 bis 3 kg Mist pro m² unter. In kargen Böden geben Sie zusätzlich Volldünger ins Pflanzloch oder zur Wachstums-„Halbzeit“.

Haupt-Schaderreger

KRAUTFÄULE

Beschreibung: Laub wird braun und welkt, Knollen mit braunen Faulstellen.
Behandlung: Flächenwechsel, Kupferoktanoat, Kupferoxychlorid, Mancozeb, Maneb, Metiram.

Falscher Mehltau ❶

Alternariose ❷

Kartoffelkäfer, erwachsen ❸

Kartoffelkäfer, Larven ❸

FALSCHER MEHLTAU ❶
Beschreibung: Dünne junge Triebe, braune Flecken mit hellem Rand, weißer Belag auf Blattunterseite und um die Flecken herum, Knollen auf der Schnittfläche gelblich oder bräunlich.
Behandlung: Nicht zu dichte Bestände, frühmorgens gießen.

ALTERNARIOSE ❷
Beschreibung: Häufiger, aber weniger schlimm als Falscher Mehltau. Blätter mit dunklen Flecken in konzentrischen Kreisen, eingesunkene braune Stellen auf den Knollen, trockene, oberflächliche Fäulnis des Fruchtfleisches. **Behandlung:** Wie Falscher Mehltau, Einsatz von Kupferoxychlorid, Maneb, Metiram.

KARTOFFELKÄFER ❸
Beschreibung: Im Frühjahr angefressenes Laub, schwache Ernte. Ablage von 20 bis 80 gelben Eiern, die an der Blattunterseite dicht beieinander stehen. Erwachsene Käfer mit gelb-schwarz längsgestreiften Flügeldecken, meist 2 Generationen pro Jahr.
Behandlung: Marienkäfer fressen ihre Eier, Stare, Krähen und Amseln machen sich über Larven und erwachsene Tiere her. Zerdrücken Sie abgelegte Eier, sammeln Sie die Insekten ein und vernichten Sie sie. Behandlung der Larven abends mit Azadirachtin oder *Pyrethrum*.

BLATTLÄUSE ❹
Beschreibung: Je nach Art unterschiedliche Färbung, sitzen gedrängt an der Blattunterseite. Gekräuselte, löffelartig eingerollte Blätter, Virusübertragung möglich.
Behandlung: Siehe S. 22.

Seltenere Probleme

KRANKHEITEN
Silberschorf:
Große, rundliche Flecken mit glänzendem Schimmer, Welken der Knollen.
Bekämpfung: Für schnelles Abtrocknen der Knollen sorgen, Lager optimieren.
Gewöhnlicher Schorf:
Haut der Knollen runzlig durch Bakterien. **Bekämpfung:** Fruchtwechsel einhalten. „Tipps für den Anbau“.

Blattläuse ❹

Ausgewachsene Spinnmilbe ❺

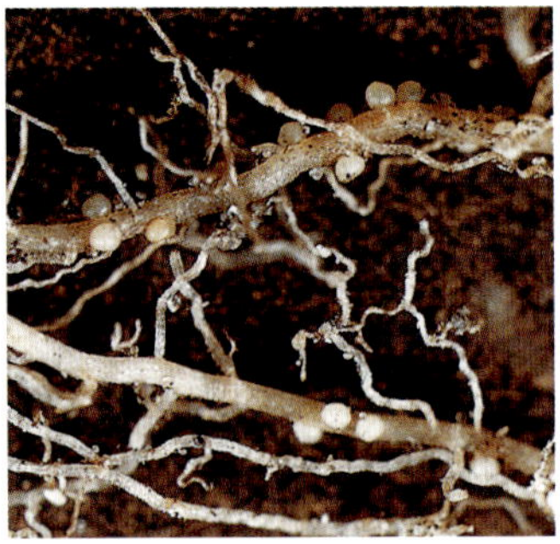

Zystenälchens ❻

Echter Mehltau:
Weiße Flecken auf den Blättern, Austrocknen.
Bekämpfung: Siehe S. 26.
Späte Rübenfäule: Rhizoctonia-Fäule durch *R. solani*. Nach oben eingerollte, gebündelte Blätter, Triebansätze verfault, kleine Luftknollen in den Blattachseln, schwarzer Schorf auf der Haut der Knollen.
Bekämpfung: Wie Silberschorf auf Pflanzen und Falscher Mehltau auf Blättern.
Sclerotinia-Fäule:
Feuchte Weißfäule. **Bekämpfung:** Mit Kalium düngen.

SCHÄDLINGE

Milben: ❺
Im Sommer Vergilben, dann Verwelken der unteren Blätter bis zu den jungen Trieben, winzige gelbliche oder rote, krabbelnde Tierchen. Eine glänzend weiße Art befällt Wurzeln, Stolonen und Knollen, begünstigt Gewöhnlichen Schorf und mehrere Fäulnisarten.
Bekämpfung: Lassen Sie die natürlichen Feinde ans Werk gehen.
Erdflöhe:
Mit Löchern übersäte Blätter, kleine, springende schwarze Insekten. **Bekämpfung:** Nicht erforderlich.
Raupe:
Eule, Motte und Totenkopf-Spanner fressen das Laub an.
Bekämpfung: Siehe S. 20.
Zikaden:
Zahlreiche weiße Einstiche auf dem Laub.
Bekämpfung: Nicht erforderlich.
Bodenlarven:
Engerlinge des Mai- oder Junikäfers, graue Eulenraupe und Drahtwurm des Saatschnellkäfers verursachen Fraßstellen an Wurzeln und Knollen, Sekundärfäulnis.
Bekämpfung: Siehe S. 18.
Zystenälchen: ❻
Runder Herd auf dem Beet, mikroskopisch kleine Würmer in den Haarwurzeln, schwache Ernte. **Bekämpfung:** Ziehen Sie hier mindestens 8 Jahre lang keine Nachtschattengewächse.

NICHT-PARASITÄRE URSACHEN

Verschlämmen:
Kleine, zu frühe Knollen.
Vorbeugung: Setzen Sie vorgekeimte Kartoffeln in 15 cm Tiefe in den auf mindestens 8–10 °C erwärmten Boden.
Magnesiummangel:
Bleichsucht der unteren Blätter, Verwelken.
Vorbeugung: Bringen Sie vor dem Setzen Mist aus (siehe Kasten), einen Einzelnährstoffdünger (Magnesiumsulfat = Bittersalz, gemahlener Basalt) oder einen Mehrnährstoffdünger (Patentkali: 8–10 % Magnesiumoxid).
Kaliummangel:
Sehr dunkelgrünes oder bläuliches Laub, dann Vergilben oder Absterben, das Fleisch der Knollen wird braun.
Vorbeugung: Arbeiten Sie kaliumhaltigen Dünger (Patentkali, Kornkali, Kaliumsulfat, Kaliumnitrat) ein.
Frost oder kalter Boden:
Nekrosen der Haut.
Vorbeugung: Setzen Sie die Kartoffeln nicht zu früh oder breiten Sie bei angekündigtem Frost ein Überwinterungsvlies aus.

Radieschen, Rettich, Weiße Rübe (Kreuzblütler – Brassicaceae)

Der Kulturzyklus dieser Gewächse mit Pfahlwurzel ist kurz, doch er reicht aus, um allerlei Schädlinge anzulocken, besonders den Erdfloh, dem rasch Einhalt geboten werden muss, wenn die Ernte gut ausfallen soll.

Tipps für den Anbau

❶ Durch regelmäßiges Wässern geraten Erdflöhe und Mehlige (Kohl-)Blattläuse ins Hintertreffen.
❷ Nach der Ernte entfernen Sie die Pflanzenreste, die Krankheiten und Fliegenpuppen beherbergen können.

Erdfloh ❶

Haupt-Schaderreger

ERDFLOH ❶

Beschreibung: Mit seinen 4 mm Länge ist dieser springende Käfer fast nicht zu sehen, richtet aber große Schäden an. Er frisst unzählige Löcher in die Keimblätter der jungen Saat.
Behandlung: Regelmäßiges Wässern in warmen, trockenen Wetterperioden. Hacken und Kulturschutznetze aufspannen.

KOHLGALLENRÜSSLER ❷

Beschreibung: Das Weibchen dieses kleinen Käfers legt seine Eier am Wurzelhals ab. Die Larven dringen in die Wurzel und schließen sich in rundliche weiße Gallen ein.
Behandlung: Reißen Sie befallene Pflanzen aus und bauen Sie an dieser Stelle mehrere Jahre dieses Gemüse nicht an. Kein Präparat ist für den Hausgarten ausgewiesen.

Kohlgallenrüssler ❷

Kohlfliege ③

Kohlhernie ④

Kohlrübenblattwespe ⑤

KOHLFLIEGE ③

Beschreibung: Vergilbte oder verwelkte Blätter, die Maden machen die Wurzeln löchrig und lassen sie verfaulen.
Behandlung: Siehe „Tipps für den Anbau“. Bedecken Sie die Saat mit einem Insektenschutznetz. Flächenwechsel. Es ist kein Präparat für den Hausgarten ausgewiesen.

Seltenere Probleme

KRANKHEITEN

Alternariose:
Schwarze Punkte auf den Keimblättern und Blättern.
Bekämpfung: Nicht notwendig.

Kohlhernie: ④
Auswüchse an der Wurzel, Welken. **Bekämpfung:** Mindestens dreijähriger Fruchtwechsel, Gründünger (Deutsches Weidelgras) zwischen zwei Kulturen, Dränage feuchter Böden, Gabe von ungelöschtem Kalk.

Falscher Mehltau:
Gelbliche bis braune Flecken auf den Blättern, leichter weißer Belag auf der Unterseite. Er befällt die Blätter bei kühlem, feuchtem Wetter.
Bekämpfung: Ziehen Sie kranke Radieschen/Rettiche sofort heraus. Kein Präparat ist für den Hausgarten ausgewiesen.

***Phoma*-Schwärzepilze (*Phoma*-Rübenfäule):**
Verkümmerter schwarzer Stängelgrund.
Bekämpfung: Siehe „Tipps für den Anbau“.

Weißer Rost:
Weiße Bläschen, aus denen weißer Puder quillt, Krümmung/Kräuselung der kranken Blätter.
Bekämpfung: Wie Falscher Mehltau.

SCHÄDLINGE

Raupen:
Durch Eulen-, Kohlweißlings- oder Mottenlarven angefressene Blätter.
Bekämpfung: Siehe S. 20.

Kohlrübenblattwespe: ⑤
Schwarze, sehr gefräßige Larve, die von den Blättern nur die Nerven übrig lässt.
Bekämpfung: Fangen der ausgewachsenen Tiere (siehe Kasten), Absammeln der Larven.

NICHT-PARASITÄRE URSACHEN

Bormangel:
Braunes Herz bei Weißer Rübe oder Steckrübe, manchmal Aushöhlungen.
Bekämpfung: Zu große Bodenverdichtung vermeiden, feuchten Boden nicht bearbeiten, die Kulturen mulchen, in Trocken- oder Hitzeperioden wässern. In der Folge Fruchtwechsel durchführen, den Boden mit Mist verbessern. Geflügelmist oder Schweinegülle einarbeiten, falls der Boden zu kalkhaltig ist.

Fangen Sie die Kohlrübenblattwespe

Um die kleinen erwachsenen Kohlrübenblattwespen zu fangen, stecken Sie in die gefährdeten Beete Stangen mit einem Strohstopfen. Die Insekten fliegen nur tagsüber und ziehen sich dann nachts dorthin zurück. Gleich frühmorgens tunken Sie die Strohbündel in einen Eimer Wasser mit Schmierseife. Das tötet die Tiere ab.

Salat (Korbblütler – Asteraceae, Baldriangewächse – Valerianaceae)

Bei Salat treten leicht ernste Krankheiten auf. Ihre Ursachen liegen vor allem an der Qualität der Jungpflanzen, dem Fruchtwechsel und dem Klima. Frühlings-Kopfsalat im Mini-Folientunnel ist besonders empfindlich.

Tipps für den Anbau

❶ Sehen Sie vierjährigen Fruchtwechsel zwischen zwei Salatpflanzungen vor.
❷ Halten Sie die auf den Samentüten angegebene Saatdichte ein, um Krankheiten zu vermeiden, die durch zu eng stehende Pflanzen begünstigt werden.
❸ Wässern Sie morgens und lüften Sie Gewächshäuser, Tunnel usw., um Falschen Mehltau und Grauschimmel zu begrenzen.

Haupt-Schaderreger

SCHNECKEN

Beschreibung: Ernsthafte Schädlinge für Salat (außer Feldsalat, der einer anderen botanischen Familie angehört, den Baldriangewächsen). Die Blätter werden angefressen und haben glänzende Schleimflecken.
Behandlung: Wichtig bei Jungpflanzen. Siehe S. 16.

WURZELBOHRER ❶ UND BODENLARVEN

Beschreibung: Die weißliche Raupe des Wurzelbohrers ist tödlich für Kopf- und Schnittsalat sowie Endiviensalat. Das Herz der Pfahlwurzel wird durch ein gerades zylindrisches Loch durchbohrt, das Laub verwelkt und sackt auf den Boden.

Wurzelbohrer ❶

Falscher Mehltau ❷

Andere Erdlarven können die Hauptwurzel anfressen oder durchtrennen: Wiesen-Schnake, Engerling (Maikäfer), graue Eulenraupe, Drahtwurm des Saatschnellkäfers.
Behandlung: Ernst nehmen! Siehe S. 18.

> **Warum verwelkt Kopfsalat ganz plötzlich?**
>
> Wenn ein Salatkopf am Boden zusammensackt, leidet er unter einem Befall des Wurzelhalses oder der Wurzeln. Achten Sie auf Fäulnis durch einen **Schadpilz**. Sind hingegen Fraßstellen vorhanden, suchen Sie mit Hilfe eines Messers **Larven** (siehe Wurzelbohrer) in Wurzelnähe.

FALSCHER MEHLTAU ❷

Beschreibung: Braune, Flecken auf der Blattoberseite, auf der Unterseite leichter weißer Belag. Dieser Pilz tritt häufig unter feuchten Bedingungen auf.
Behandlung: Verwenden Sie an gefährdeten Standorten resistente Sorten wie Frühjahrs-Kopfsalat 'Novappia' und 'Divina', ansonsten behandeln Sie vorbeugend mit Fosetyl.

Seltenere Probleme

KRANKHEITEN

Sclerotinia-Fäule: ❸
Weißfäule am Wurzelhals, hängende Blätter.
Vorbeugung: Mit Kalium düngen und den Boden mit Kalk verbessern.

Echter Mehltau:
Weißer Belag, Austrocknen des Laubes bei Endiviensalat und Löwenzahn.
Bekämpfung: Siehe S. 26.

Schwarzfäule:
Rhizoctonia-Fäule bei Kopf- und Schnittsalat mit Welken der Blätter oder Braunfäule bei Chicorée durch *Pythium*.
Vorbeugung: Flächenwechsel, Bestände nicht zu dicht werden lassen.

Braune Blattflecken: ❹
Alternariose des Feldsalats, Anthraknose beim Kopfsalat.
Bekämpfung: Siehe S. 24.

Grauschimmel: ❺
Braune Blattflecken, gräulicher Pilzrasen unter feuchten Bedingungen. Frühlings-Kopfsalat im Folientunnel ist besonders empfindlich.
Bekämpfung: Siehe „Tipps für den Anbau".

SCHÄDLINGE

Mottenschildlaus:
Vergilben der Blätter des Kopfsalats im Gewächshaus, kleine durchscheinende Larven auf der Blattunterseite, schwirrende weiße Fliegen.
Bekämpfung: Gelbe Leimfalle zum Fangen der erwachsenen Tiere.

Raupen:
Fraßstellen durch grüne oder graue Eulenraupen, Kot im Herzen.

Sclerotinia-Fäule 3

Anthraknose 4

Grauschimmel 5

Bekämpfung: Siehe S. 20.

Minierfliege:

Gewundene Larvengänge in den Blättern.

Bekämpfung: Hygiene, auch Unkräuter vernichten, Nützlinge.

Hühner-Ausflug in den Gemüsegarten…

Hühner sind Allesfresser und haben Weichtiere, Würmer und Bodenlarven zum Fressen gern! Wer also Hühner hat, kann sie ein paar Tage lang dort laufen lassen, wo dann der Salat wachsen soll (eventuell kann ein provisorischer Auslauf gebaut werden). Das Federvieh befreit den Boden genüsslich von seinen unerwünschten Gästen!

Feldmaus:

Angefressene Pflanzen, Kot in der Nähe des Salats.

Bekämpfung: Legen Sie vergiftete Köder um das Beet herum aus.

Salatwurzellaus:

Kolonien aus kleinen Insekten auf Pfahlwurzel und Wurzelhals.

Bekämpfung: Nur bei trockener Witterung problematisch.

Grüne Blattlaus:

Vermindertes Wachstum, Kolonien grünlicher Läuse im Salatherz.

Bekämpfung: Siehe S. 22.

NICHT-PARASITÄRE URSACHEN

Verschiedene Symptome:

Ölige Flecken auf den Blättern, orange getönte Blattflecken, Innenbrand 6 oder Nekrose am äußersten Rand.

Bekämpfung: Gießen Sie regelmäßig mit lauwarmem Wasser, um thermische Schocks zu vermeiden.

Innenbrand 6

Tomate

(Nachtschattengewächse – Solanaceae)

Die Entwicklung von Schädlingen und Krankheiten der Tomate hängt von der Empfindlichkeit der Sorten ab und davon, wo sie wächst: im Freiland oder Gewächshaus, direkt im Boden oder im Topf.

Falscher Mehltau ❶

Tipps für den Anbau

❶ Halten Sie mindestens dreijährigen Fruchtwechsel ein.
❷ Manche Sorten sind dafür bekannt, dass sie recht unempfindlich für Alternariose sind, wie die Cocktailtomate und 'Cœur de Bœuf'.
❸ Nehmen Sie beim Pflanzen eine Grunddüngung vor: 3–4 kg Mist/m².
❹ Versorgen Sie den Boden beim Erscheinen des ersten Blütenwickels mit organischem oder mineralischem Volldünger.
❺ Säen bzw. pflanzen Sie nicht zu früh. Die Saat muss bei einer Temperatur von 20–25 °C in 6 bis 8 Tagen aufgehen. Halten Sie die Sämlinge tagsüber bei 15–18 °C und nachts bei 11–12 °C. Pikieren Sie die kräftigen Pflanzen auf 45 cm Abstand in der Reihe, wobei mindestens 60 cm Reihenabstand bleiben. Die Mindesttemperatur des Bodens beträgt 15 °C und der optimale pH-Wert liegt bei 6,8.
❻ Wässern Sie morgens direkt im Wurzelbereich, wenn nötig mit temperiertem Wasser, ohne das Laub zu benetzen.
❼ Desinfizieren Sie die Stäbe vor jedem Neueinsatz mit Chlorbleiche oder Brennspiritus.

Haupt-Schaderreger

BRAUNFÄULE

Beschreibung: Dunkle Flecken an Laub und Trieben, später faulen die Früchte, die ganze Pflanze stirbt ab.
Behandlung: Laub trocken halten (Tomatendach!), spritzen mit Azoxystrobin, Kupferoktanoat, Kupferoxychlorid, Maneb.

FALSCHER MEHLTAU ❶

Beschreibung: Große durchscheinende Flecken auf Trie-

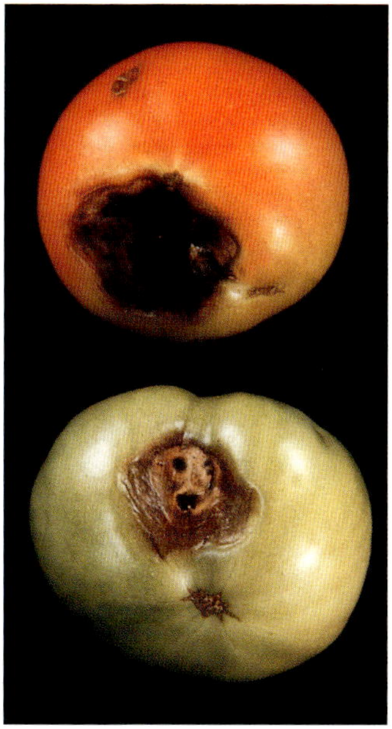

Alternariose an Blatt und Frucht ❷

Blütenendfäule ❸

Gemulcht wird gleich nach dem Pflanzen ❹

ben, Stängeln und Blattunterseiten, die braun werden und mit einem Rand weißen Schimmels gesäumt sind. Zusammenkrümmen und Austrocknen des Laubes, die Früchte reifen nicht. Seltener als Alternariose, verursacht aber im August ernste Schäden. **Behandlung**: Wie bei Alternariose.

DÜRRFLECKENKRANKHEIT ❷

Beschreibung: Braune Flecken auf den Einzelblättern, Trieben und Früchten, manchmal gelblicher Ring und konzentrische Muster, Welken des Laubes. Bricht im Frühjahr in milden, feuchten Wetterperioden aus oder nach sommerlichem Tau oder Sprühregen. **Behandlung**: Ziehen Sie resistente Sorten; vorbeugende Behandlung mit Kupferoxychlorid. Meiden Sie zu viel Kupfer, um die natürliche Bodenbeschaffenheit zu bewahren und Wachstumshemmungen zu vermeiden. Synthetische Mittel wie Maneb können verwendet werden.

BLÜTENENDFÄULE ❸

Nekrose an der Spitze der Frucht, die nicht auf einen Schädling zurückzuführen ist, sondern auf Kalziummangel durch unregelmäßiges Wässern: Durch zu seltenes, dann aber zu reichliches Gießen (Wassermangel, dann „Ertränken“) sterben die Feinwurzeln ab. **Behandlung** ❹: Mulchen Sie die Pflanzen von Anfang an, wässern Sie regelmäßig.

Nekrosen an Tomaten: Alternariose oder Blütenendfäule?

Die Alternariose wird von einem Schadpilz verursacht, während die Blütenendfäule der Tomate auf eine physiologische „Panne“ zurückzuführen ist. Beide Krankheiten bewirken einen begrenzten schwarzen Fleck, bei der ersteren aber sitzt er im Bereich des Fruchtstiels, bei der anderen an der gegenüber liegenden Seite.

Wurzelhals- und Stängelfäule ❶

Mosaik auf den Blättern ❷

Grauschimmel ❸

Seltenere Probleme

KRANKHEITEN

Wurzelhals- und Stängelfäule: ❶
Schwarze kreisförmige Flecken, Geschwürbildung des Gewebes durch den Pilz *Didymella*.
Bekämpfung: Vorbeugende Behandlung mit Kupferoxychlorid. Nach dem Befall die Stützen desinfizieren (siehe „Tipps für den Anbau").

Mosaik: ❷
Virusbedingte Entfärbung von Blättern und Früchten.
Bekämpfung: Kaufen Sie gesunde Pflanzen, entfernen Sie stark befallene Exemplare, behandeln Sie gegen die übertragenden Blattläuse.

Grauschimmel: ❸
Stängel oder Blätter werden braun, bei Feuchtigkeit tritt grauer Schimmel auf, vor allem im Gewächshaus.
Bekämpfung: Lüften Sie Folientunnel/Gewächshaus tagsüber; vorbeugende Behandlung mit Fenhexamid.

Mosaik auf den Früchten ❷

Echter Mehltau:
Weißer Belag auf den Blättern, Austrocknen.
Bekämpfung: Siehe S. 26. Azoxystrobin.

Sclerotinia-Fäule:
Weißfäule am Stamm oder Trieb. **Bekämpfung:** Mit Kalium düngen und sehr sauren Boden mit Kalk verbessern.

Verticilliose:
Völliges Verwelken, inneres Braunwerden des Stängels.
Bekämpfung: Für Hausgärten ist kein Präparat ausgewiesen. Flächenwechsel.

Mottenschildläuse/Weiße Fliegen ④

Baumwollkapselwurm ⑤

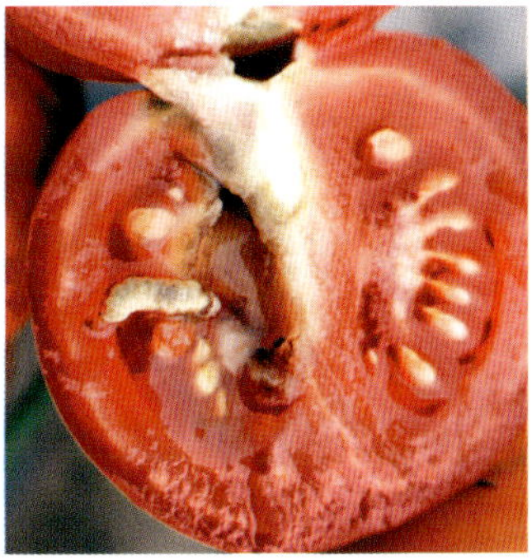
Baumwollkapselwurm ⑤

SCHÄDLINGE

Mottenschildlaus/Weiße Fliege: ④
Im Gewächshaus kleine durchsichtige Larven an der Blattunterseite, weiße Fliegen.
Bekämpfung: Gelbe Leimfallen gegen erwachsene Tiere, Kali-Seife oder Rapsöl.
Kartoffelkäfer:
Siehe Kartoffel S. 53. Fraßschäden an Blättern, ziegelrote Larve, erwachsener Käfer mit gestreiften Flügeldecken.
Bekämpfung: Käfer und Larven absammeln. Eigelege vernichten.
Bodenlarven:
Fraßspuren an Wurzeln und Wurzelhals durch die grauen Larven von Eulen oder Drahtwürmer des Saatschnellkäfers.
Bekämpfung: Siehe S. 18.
Blattläuse an den Trieben:
Kolonien kleiner Insekten, Einrollen, Vergilben.
Bekämpfung: Siehe S. 22.
Spinnmilben:
Sommerlicher Milbenbefall, Vergilben der Blätter, kleine seidige Netze, in denen sich gelbe oder rote Tierchen bewegen.
Bekämpfung: Nützlinge im Gewächshaus, Behandlung mit Kali-Seife oder Rapsöl.
Baumwollkapselwurm (*Helicoverpa armigera, Noctuidae*): ⑤
Bohrungen, Fraßstellen in der Frucht. Sommerliche Hitze begünstigt sie.
Bekämpfung: Absammeln besiedelter Früchte.
Thripse:
Weiße Stiche auf den Blättern.
Bekämpfung: Freisetzen von Nützlingen im Gewächshaus, Behandlung mit Kali-Seife oder Rapsöl.

NICHT-PARASITÄRE URSACHEN

Chlorose:
Nährstoffmangel, Entfärben der Blätter, kleine Tomaten.
Bekämpfung: Bodenverbesserung und Düngen, siehe „Tipps für den Anbau".
Sonnenbrand an den Früchten:
Blasser Fleck mit braunen Schimmelstellen.
Bekämpfung: Versehen Sie den Folientunnel oder das Gewächshaus mit einem hellen Farbanstrich, um die Pflanzen vor zu hoher Lichtintensität zu schützen.
Platzen der Tomaten:
Wachstumsriss. **Bekämpfung:** Düngen Sie mit Kalium; siehe „Tipps für den Anbau".
Kälte:
Löffelförmiges Einrollen der Einzelblätter, Bläuliche Verfärbung. **Bekämpfung:** Pflanzen Sie im Freien, sobald es schön wird.

10 TIPPS ZUR VERMEIDUNG VON

❶ Das Leben im Boden erhalten: Eine gute Luft- und Wasserzirkulation fördert die biologische Aktivität, von der die Fruchtbarkeit des Bodens unmittelbar abhängt. Nun kann diese Aktivität stark reduziert sein durch eine regelmäßige Anwendung giftiger Stoffe, durch übermäßige Bodenverdichtung oder auch zu große Feuchtigkeit bzw. Trockenheit. Bereiten Sie den Boden also sorgfältig vor: durch Umgraben, Jäten oder oberflächliches Auflockern mit der Harke; anschließend bedecken Sie den Boden zwischen den Pflanzen ordentlich mit Mulch, der die Feuchtigkeit bewahrt und Unkraut vorbeugt.

❷ Die richtigen Gemüsesorten auswählen, die zum Boden und zum Mikroklima Ihres Gartens passen. Artischocken und Wurzelgemüse gedeihen am besten auf leichten Böden, Auberginen können nur in sehr warmen Lagen erfolgreich angebaut werden. Je ungeeigneter das Klima ist, desto krankheitsanfälliger werden die Pflanzen. Ziehen Sie Auberginen nur, wenn Sie bereit sind ggf. die Standortbedingungen zu verbessern (z.B. Folientunnel oder ein Gewächshaus). Bevorzugen Sie, soweit möglich, örtliche Sorten, die auch von manchen Gemüsebauern angebaut werden.

❸ In der besten Jahreszeit anbauen: Zu früh mit dem Anbau zu beginnen, bringt überhaupt nichts, denn die Temperaturen und die Tageslänge haben großen Einfluss auf das Wachstum des Gemüses (Auberginen, Gewürz- und Gemüsepaprika erst Ende Mai pflanzen!). Frühe Kulturen sind in feuchtem, kaltem Boden ernsthaften Gefahren ausgesetzt (z.B. Blattfleckenkrankheiten bei Möhren, Fäule bei Kartoffeln).

❹ Ausreichend Abstand zwischen identischen Pflanzen lassen, damit sie sich gut entwickeln können. Lernen Sie, sehr locker zu säen oder die Reihen auszulichten, um den Pflanzen genügend Platz zu geben. Deshalb kann man trotzdem Gemüsesorten mit unterschiedlicher Entwicklung eng ziehen, wie z.B. Salatköpfe zwischen Reihen mit Süßmais, an denen Kletterbohnen emporranken ...

❺ Mäßig wässern, wenn möglich mit aufgefangenem, angewärmtem Regenwasser. Kaltes Wasser, das direkt aus einem Brunnen, einem Fluss oder der Leitung kommt, verursacht einen thermischen Schock, vor allem, wenn nach einem sehr warmen Nachmittag gegossen wird. Wasser mit der Umgebungstemperatur wird hingegen direkt aufgenommen. Achten Sie ebenfalls darauf, die Erde nie völlig zu durchnässen (denn das verändert ihre Struktur), noch den gerade gewässerten Boden zu betreten. Gießen Sie die Pflanzen am besten direkt an den Wurzeln und vermeiden Sie dabei sorgfältig, das Laub zu benetzen, um das Auftreten von Blattkrankheiten zu vermeiden.

❻ Nützlinge anlocken, also Insekten, die natürliche Feinde der Schädlinge sind – sie halten die „Feinde“ des Gemüseanbaus in Schach. Damit Nützlinge in Ihre Gemüsebeete übersiedeln, schaffen Sie ökologische Nischen in der Nähe: Lassen Sie alte Baumstämme liegen, legen Sie einen Teich, eine grasbewachsene Böschung, eine freiwachsende Hecke an. Pflanzen Sie um den Gemüsegarten Holunder, Haselnuss oder Schneeball, die viele nützliche Insekten anlocken und beherbergen.

❼ Für ausgewogenen Fruchtwechsel sorgen: Die Methode, nicht in zwei aufeinanderfolgenden Jahren dieselbe Gemüseart am selben Standort zu pflanzen, hilft dabei, die Fruchtbarkeit des Bodens zu bewahren und Schädlingen vorzubeugen. Durch einen mindestens dreijährigen Fruchtwechsel kann das Auftreten von schädlichen Nematoden/Fadenwürmern, Wurzelfäule, Gefäßpilzen wie *Fusarium* oder *Verticillium* an der Tomate vermieden werden. Die Fruchtfolge verhindert auch, dass die Mineralstoffe immer in gleicher Menge am selben Ort entnommen werden.